新型职业农民培育工程规范教材

农产品电子商务与网络营销

王亚伟　李金星　林菁华　主编

中国农业科学技术出版社

图书在版编目（CIP）数据

农产品电子商务与网络营销 / 王亚伟，李金星，林菁华主编．—北京：中国农业科学技术出版社，2016. 4

ISBN 978－7－5116－2564－9

Ⅰ. ①农…　Ⅱ. ①王…②李…③林…　Ⅲ. ①农产品－电子商务②农产品－网络营销　Ⅳ. ①F724. 72

中国版本图书馆 CIP 数据核字（2016）第 065592 号

责任编辑　王更新
责任校对　杨丁庆

出 版 者　中国农业科学技术出版社
北京市中关村南大街 12 号　邮编：100081
电　　话　（010）82106639（编辑室）　（010）82109702（发行部）
（010）82109703（读者服务部）
传　　真　（010）82106639
网　　址　http：//www. castp. cn
经 销 者　各地新华书店
印 刷 者　北京富泰印刷有限责任公司
开　　本　850mm ×1 168mm　1/32
印　　张　8
字　　数　194 千字
版　　次　2016 年 4 月第 1 版　2016 年 4 月第 1 次印刷
定　　价　26. 00 元

《农产品电子商务与网络营销》

编 委 会

主　编：王亚伟　李金星　林菁华

副主编：王井芹　张　炬　高　涛　强靖伟

田　慧　牛丹丹　杨　勇　徐青蓉

李　昊　赵云宗

编　委：乔志红　刘建晔　杨立山　鲁　磊

范振华　师小周

前　　言

互联网的逐渐普及和农村网民数量的攀升增加了农村电商消费市场的潜力，精明的淘宝开始在农村拓展。不仅农村的消费在逐渐增加，农民网店也开始成为了一道独特的风景线。在农村电商消费增加的同时，农村的小生产也逐渐与大市场实现了对接。鉴于农村市场的巨大潜力，2015 年中央一号文件首次提出要“加强农产品电子商务平台的建设”，奠定了发展农村电商的政策基础。可以说，无论是政策导向，还是市场趋势，电商下乡都是大势所趋。

本书全面、系统地介绍了电子商务与网络营销的知识，内容包括认识电子商务、电子商务的交易模式、电子商务支付、移动商务、电子商务安全、电子商务物流、电子商务营销、涉农电子商务的典型案例等内容。

由于编者水平所限，加之时间仓促，书中不尽如人意之处在所难免，恳切希望广大读者和同行不吝指正。

编　者

目　　录

第一章　认识电子商务

第一节　中国电子商务的发展

一、中国电子商务的发展阶段

自20世纪90年代电子商务概念引入我国后得到了迅速发展，它显现出巨大的商业价值。在我国政府及信息化主管部门的指引下，电子商务发展经历了以下几个阶段：

（一）认识电子商务阶段（1990—1993年）

我国于20世纪90年代开始开展EDI的电子商务应用。1990年，国家计委、科委将EDI列入“八五”国家科技攻关项目，1991年9月，国务院电子信息系统推广应用办公室牵头，会同国家计委、科委、外经贸部等8个部委局，发起成立中国促进EDI应用协调小组。1991年10月，成立中国EDIFACT委员会并参加亚洲EDIFACT理事会。我国政府、商贸企业以及金融界认识到电子商务可以使商务交易过程更加快捷、高效，成本更低，肯定了电子商务是一种全新的商务模式。

（二）广泛关注电子商务阶段（1993—1998年）

在这一阶段，电子商务在全球范围迅猛发展，引起了各界的广泛重视，我国也掀起了电子商务热潮。1993—1997年，政府领导组织开展了金关、金卡、金税等三金工程。从 1994 年起，我国部分企业开始涉足电子商务；1995 年，中国互联网开始商业化，各种基于商务网站的电子商务业务和网络公司开始不断涌现；1996 年 1 月，中国公用计算机互联骨干网（CHINANET）工程建成开通；1997 年 6 月中国互联网络信息中心（CNNIC）完成组建，开始行使国家互联网络信息中心职能；1997 年，以现代信息网络为依托的中国商品交易中心（CCEC）、中国商品订货系统（CGOS）等电子商务系统也陆续投入运营；1998 年 3 月 6 日，我国国内第一笔网上电子商务交易成功；1998 年 10 月，国家经贸委与信息产业部联合宣布启动以电子贸易为主要内容的“金贸工程”，这是一项在经贸流通领域推广网络化应用、开发电子商务的大型应用试点工程。因此，1998 年被称为中国的“电子商务年”。

（三）电子商务应用发展阶段（1999—2010 年）

在这个阶段中，国家信息主管部门开始研究制定中国电子商务发展的有关政策法规，启动政府上网工程，成立国家计算机网络与信息安全管理中心，开展多项电子商务示范工程，为实现政府与企业间的电子商务奠定了基础，为电子商务的发展提供了安全保证，在法律法规、标准规范、支付、安全可靠和信息设施等方面总结了经验，逐步推广应用。

1. 初步发展阶段（1999—2002 年）

企业电子商务蓬勃发展。1999 年 3 月，阿里巴巴网站诞生，1999 年 5 月，8848 网站推出并成为当年国内最具影响力的 B2C 网站，网上购物进入实际应用阶段。1999 年兴起政府上网、企业上网、电子政务、网上纳税、网上教育、远程诊断等，广义电子商务开始启动，并已有试点，而且进入实际试用阶段。

2000年6月，中国金融认证中心（CFCA）成立，专为金融业务各种认证需求提供书证服务。2001年，我国正式启动国家“十五”科技攻关重大项目“国家信息安全应用示范工程”。然而这个阶段中国的网民数量相对较少，根据2000年年中的统计数据，中国网民仅有1000万，且网民的网络生活方式还仅仅停留于电子邮件和新闻浏览阶段。网民未成熟，市场未成熟，因而发展电子商务难度相当大。

2. 高速增长阶段（2003—2006年）

2005年，电子商务爆发出迅猛增长的活力。2005年初，《国务院办公厅关于加快电子商务发展的若干意见》的发布为我国电子商务市场的持续快速增长奠定了良好的基础；《中华人民共和国电子签名法》的实施和《电子支付指引（第一号）》的颁布进一步从法律和政策层面为电子商务的发展保驾护航；第三方支付平台的兴起带动了网上支付的普及，为电子商务应用提供了保障；B2B市场持续快速发展，中小企业电子商务应用逐渐成为主要动力；B2C市场尽管略显平淡，但互联网用户突破一亿大关为B2C业务的平稳增长奠定了坚实的用户基础；C2C市场则由于淘宝网和易趣网的双雄对立，以及腾讯和当当的进入，市场竞争进一步加剧。2005年也因此被称为中国“电子商务年”。

这一阶段，当当、卓越、阿里巴巴、慧聪、全球采购、淘宝等成了互联网的热点。这些生在网络、长在网络的企业在短短数年内崛起。这个阶段对电子商务来说最大的变化有三个：一是大批的网民逐步接受了网络购物的生活方式，而且这个规模还在高速扩张；二是众多的中小型企业从B2B电子商务中获得了订单，获得了销售机会，网商的概念深入商家之心；三是电子商务基础环境不断成熟，物流、支付、诚信瓶颈得到基本解决，在 B2B、B2C、C2C 领域里都有不少的网络商家迅速成长，积累了大量的电子商务运营管理经验和资金。

3. 电子商务纵深发展阶段（2007—2010 年）

这个阶段最明显的特征是，电子商务已经不仅仅是互联网企业的天下，数不清的传统企业和资金流入电子商务领域，使得电子商务世界变得异彩纷呈。B2B 领域的阿里巴巴、网盛上市标志着电子商务发展步入了规范化、稳步发展的阶段；淘宝的战略调整、百度的试水意味着 C2C 市场不断的优化和细分；红孩子和京东商城的火爆不仅引爆了整个 B2C 领域，更让众多传统商家按捺不住，纷纷跟进。中国的电子商务发展达到新的高度。

2010 年年初，京东商城获得老虎环球基金领头的总金额超过 1.5 亿美元的第三轮融资；2010 年 3 月 11 日，以大约四五百万美元的价格收购了 SK 电讯旗下的电子商务公司千寻网，目标打造销售额百亿的大型网购平台。B2C 市场上，包括京东商城在内的众多网站，如亚马逊、当当网、红孩子都已从垂直向综合转型，传统家电卖场——苏宁的 B2C 易购也开始销售部分化妆品和家纺等百货商品，而亚马逊又涉足 3C 家电领域。大量海外风险投资再次涌入，几乎每个月都有一笔钱投向电子商务。而依靠邮购、互联网和实体店 3 种销售渠道的麦考林先行一步，成为国内第一家海外上市的 B2C 企业。2010 年，团购网站的迅速风行也成为电子商务行业融资升温的助推器。受美国团购网站 Groupon 影响，国内在 2010 年 4 月之后涌现出上百家团购网站，其低成本、盈利模式易复制的特点受到投资机构关注。

4. 电子商务战略推进与规模化发展阶段（2011 年至今）。

《中华人民共和国国民经济和社会发展第十二个五年规划纲要（2011—2015 年）》提出：积极发展电子商务，完善面向中小企业的电子商务服务，推动面向全社会的信用服务、网上支付、物流配送等支撑体系建设。鼓励和支持连锁经营、物流配送、电子商务等现代流通方式向农村延伸，完善农村服务网点，支持大型超市与农村合作组织对接，改造升级农产品批发市场和农贸市场。

2011 年 10 月，商务部发布的《“十二五”电子商务发展指导意见》（商电发〔2011〕第 375 号）指出：电子商务是网络化的新型经济活动，已经成为我国战略性新兴产业与现代流通方式的重要组成部分。

2012 年，淘宝（天猫）、京东商城、当当、亚马逊、苏宁易购、1 号店、腾讯 QQ 商城等大型网络零售企业均提供了开放平台。开放平台包括网络店铺技术系统服务、广告营销服务和仓储物流外包服务，开放平台为大型网络零售企业带来了高附加值的服务收入。这表明产业增加值正在向网络营销、技术、现代物流、网络金融、数据等现代服务升级。

电子商务经历了多年的变迁，使得市场不断细分：从综合型商城（淘宝为代表）到百货商店（京东商城、一号店），再到垂直领域（红孩子、七彩谷），接着进入轻品牌店（凡客），用户的选择越来越趋于个性化。中国的电子商务已进入了一个全网竞争、不断完善、高速成长的纵深型发展阶段，不再是一家独大的局面。

二、中国电子商务的发展趋势

（一）电子商务的应用领域不断拓展和深化

“十二五”以来，我国电子商务相关的法律法规、政策、基础设施建设、技术标准以及网络等环境和条件逐步得到改善。

随着国家监管体系的日益健全、政策支持力度的不断加大、电商企业及消费者的日趋成熟，我国电子商务将迎来更好的发展环境。

（二）产业融合成为电子商务发展新方向

随着电子商务迅猛发展，越来越多的传统产业涉足电子商务。近年来涌现出的 O2O 模式（线上网店与线下消费融合）已在餐饮、娱乐、百货等传统行业得到广泛应用。O2O 模式是一个“闭环”，电商可以全程跟踪用户的每一笔交易和满意程度，即时分析数据，快速调整营销策略。也就是说，互联网渠道不是和线下隔离的销售渠道，而是一个可以和线下无缝链接并能促进线下发展的渠道。今后线上与线下将实现进一步融合，各个产业通过电子商务实现有形市场与无形市场的有效对接，企业逐步实现线上、线下复合业态经营。

（三）移动电子商务等新兴业态的发展将提速

我国电子商务行业积极开展技术创新、商业模式创新、产品和服务内容创新，移动电商、跨境电商、社交电商、微信电商成为电子商务发展的新兴重要领域，电子商务将进入加快发展期。

近年来，我国移动互联网用户规模迅速扩大，为移动电子商务的发展奠定了庞大的用户基础，移动购物逐渐成为网民购物的首选方式之一。根据《第 34 次中国互联网络发展状况统计报告》，截至 2014 年 6 月底，我国有 6.32 亿网民，其中，手机网民规模达到 5.27 亿。手机使用率首次超过传统个人电脑使用率，成为第一大上网终端设备。2014 年 6 月，我国手机购物用户规模达到 2.05 亿，同比增长 42%，是网购市场整体用户规模增长速度的 4.3 倍，手机购物的使用比例提升至 38.9%。移动电子商务市场交易额占互联网交易总额的比重快速提升。《中国网络零售市场数据监测报告》显示，2014年上半年，我国移动电子商务市场交易规模达到2 542亿元，同比增长378%，移动电子商务市场交易额占我国网络市场交易总额的比重已达到1/4。淘宝网数据显示，2013年“双11”活动中，淘宝网移动客户端共成交3590万笔交易，成交额为53.5亿元，是2012年“双11”活动移动客户端成交额的5.6倍。

移动电子商务不仅仅是电子商务从有线互联网向移动互联网的延伸，它更大大丰富了电子商务应用，今后将深刻改变消费方式和支付模式，并有效渗透到各行各业，促进相关产业的转型升级。发展移动电子商务将成为提振我国内需和培育新兴业态的重要途径。

第二节　电子商务的概念、分类

一、农产品的概念

农产品的定义有多种说法，《中国大百科全书·农业卷》将农产品解释为：广义的农产品包括农作物、畜产品、水产品和林产品；狭义的农产品则仅指农作物和畜产品。《经济大辞典·农业经济卷》将“初级产品”定义为：初级产业产出的未加工或只经初加工的农、林、牧、渔、矿等产品。其中，有的直接用于消费，有的用作制造其他产品的原料。初级产品有的是未经加工的原始形态的产品，有的是经过初步加工的产品。《农产品质量安全法》中所称的农产品，是指来源于农业的初级产品，即在农业活动中获得的植物、动物、微生物及其产品。这里讲的“农业活动”，既包括传统的种植、养殖、采摘、捕捞等农业活动，也包括设施农业、生物工程等现代农业活动。植物、动物、微生物及其产品是广义的农产品概念，包括在农业活动中直接获得的未经加工的以及经过分拣、去皮、剥壳、粉碎、清洗、切割、冷冻、打蜡、分级、包装等粗加工，但未改变其基本自然性状和化学性质的初加工产品。区别于经过加工已基本不能辨认其原有形态的“食品”或“产品”。这样来理解农产品的具体内涵有利于人们明确对象，有效采取措施。

二、农产品电子商务的基本概念

（一）农产品电子商务的定义

所谓农产品电子商务就是指围绕农村的农产品生产、经营而开展的一系列的电子化的交易和管理活动，包括农业生产的管理、农产品的网络营销、电子支付、物流管理，以及客户关系管理等。它是以信息技术和网络系统为支撑，对农产品从生产地到顾客手上进行全方位管理的全过程。发展农产品电子商务具有全局性、战略性和前瞻性，与国家建设社会主义新农村的战略相一致。

通过网络平台嫁接各种服务于农村的资源，拓展农村信息服务业务、服务领域，使之兼而成为遍布乡、镇、村的三农信息服务站。它作为农产品电子商务平台的实体终端直接扎根于农村服务于三农，真正使三农服务落地，使农民成为平台的最大受益者。

农产品电子商务平台配合密集的乡村连锁网点，以数字化、信息化的手段、通过集约化管理、市场化运作、成体系的跨区域跨行业联合，构筑紧凑而有序的商业联合体，降低农村商业成本、扩大农村商业领域、使农民成为平台的最大获利者，使商家获得新的利润增长点。

农产品电子商务服务包含网上农贸市场、数字农家乐、特色旅游、特色经济和招商引资等内容。一是网上农贸市场。迅速传递农、林、渔、牧业供求信息，帮助外商出入属地市场，帮助属地农民开拓国内市场、走向国际市场。进行农产品市场行情和动态快递、商业机会撮合、产品信息发布等内容。二是特色旅游。依托当地旅游资源，通过宣传推介来扩大对外知名度和影响力，从而全方位介绍属地旅游线路和旅游特色产品及企业等信息，发展属地旅游经济。三是特色经济。通过宣传、介绍各个地区的特色经济、特色产业和相关的名优企业、产品等，扩大产品销售通路，加快地区特色经济、名优企业的迅猛发展。四是数字农家乐。为属地的农家乐（有地方风情的各种餐饮娱乐设施或单元）提供网上展示和宣传的渠道。通过运用地理信息系统技术，制作全市农家乐分布情况的电子地图，同时采集农家乐基本信息，使其风景、饮食、娱乐等各方面的特色尽在其中，一目了然。既方便城市百姓的出行，又让农家乐获得广泛的客源，实现城市与农村的互动，促进当地农民增收。五是招商引资。搭建各级政府部门招商引资平台，介绍政府规划发展的开发区、生产基地、投资环境和招商信息，更好地吸引投资者到各地区进行投资生产经营活动。

尽管农产品电子商务的发展条件日臻成熟，但建立和完善农产品电子商务不是一朝一夕能完成的工程，因此，农产品电子商务的发展任重而道远，还需要社会多方的共同努力。

（二）农业电子商务的定义

农业电子商务是指利用互联网、计算机、多媒体等现代信息技术，为从事涉农领域的生产经营主体提供在网上完成产品或服务的销售、购买和电子支付等业务交易的过程。农业电子商务是一种全新的商务活动模式，它充分利用互联网的易用性、广域性和互通性，实现了快速可靠的网络化商务信息交流和业务交易。

农业电子商务同样应以农业网站平台为主要载体，为农业提供服务，或直接服务、完成、实现电子商务，或直接经营商务业务的过程。农业电子商务是一个涉及社会方方面面的系统工程，包括政府、企业、商家、消费者、农民以及认证中心、配送中心、物流中心、金融机构、监管机构等，通过网络将相关要素组织在一起，其中，信息技术扮演着极其重要的基础性的角色。在传统社会经济活动过程中，一直就存在两类经济活动形式：一个是企业之间的经济活动，一个是企业和消费者之间的经济活动。从经济活动来说，无论是企业之间，还是企业与个人之间，只存在两种经济活动内容：一种是提供产品，一种是提供服务。

CMIC 最新发布：在我国，电子商务概念先于电子商务应用与发展，网络和电子商务技术需要不断“拉动”企业的商务需求，进而引致我国电子商务的应用与发展。了解这一不同点是很重要的，这是我国电子商务发展的一大特点，也是理解我国电子商务应用与发展的一把钥匙。

电子商务日益广泛的应用显著地拉动了第三产业的发展，创造了大量的就业和创业机会，并在促进中小企业融资模式创新、推进企业转型、建立新型企业信用评价体系等方面发挥了积极的作用。

电子商务具有非常广阔的前景。人们不受时间的限制，不受空间的限制，不受传统购物的诸多限制，可以随时随地在网上交易。网上世界将会变得很小，一个商家可以面对全球的消费者，而一个消费者可以在全球的任何一家商家购物。使用电子商务能够实现更快速的流通和低廉的价格，电子商务减少了商品流通的中间环节，节省了大量的开支，从而也大大降低了商品流通和交易的成本。如今人们越来越追求时尚、讲究个性，注重购物环境。网上购物更能体现个性化的购物过程。

我国电子商务发展迅猛。据中国电子商务研究中心报告，2010 年，我国网上零售额规模达 5 131亿元，较 2009 年又翻了一番，约占社会商品零售总额的 3%，B2C、C2C 其他非主流模式企业数达 15 800家，同比增长 58.6%，预计 2011 年将突破 2 万家，网上零售用户规模达 1.58 亿人，个人网店数量达 1 350 万家，同比增长 19.2%。预计未来两年内，我国网上零售市场将会步入全新台阶，突破 1 万亿元大关，占全社会商品零售总额的 5% 以上。

（三）农村移动电子商务的定义

农村移动电子商务是指在建立农村移动电子商务平台的基础上，通过手机终端和农信通电子商务终端，建立起覆盖“县城大型连锁超市、乡镇规模店、村级农家店”的现代农村流通市场新体系，推进工业品进村、农产品进城、门店资金归集三大应用，实现信息流的有效传递、物流的高效运作、资金流的快捷结算，促进农村经济发展。以农产品进城为例，之前农产品的买方与卖方缺少信息沟通与交易的第三方中介，信息沟通与农产品交易不畅。推广农村移动电子商务后，农产品生产方（农户）与农产品购买方（城区超市）将建立起信息交互新模式，城区超市配送中心通过“农信通”电子商务终端向农村门店发出农产品收购需求，农村门店将信息发送到种养、购销大户手机上，确认采购意向后，再与城区超市配送中心确认订单，种养大户将相应农产品供应至农家店，城区超市配送中心在配送工业品的同时收购农产品返回城市。

三、电子商务的分类

对电子商务进行分类的主要目的在于掌握电子商务的属性，以便更好地进行电子商务运作。电子商务按交易对象、参与交易的主体、应用平台、是否在线支付等标准有不同的分类，如表1－1所示。

表1－1　不同标准的电子商务分类

分类标准	分类
按交易对象	数字化商品（完全EC）；非数字化商品；网上服务
按参与交易的主体	B2B；B2C；C2C；B2G
按应用平台	专用网（如EDI）；互联网（Internet）；电话网；电视网；三网合一
按是否在线支付	在线支付型；非在线支付型

目前，应用最多的也是应用最广泛的电子商务分类是：企业间电子商务（B2B），消费者与企业间的电子商务（B2C），个人对个人的电子商务（C2C），政府与企业间的电子商务（B2G），如图1－1所示。

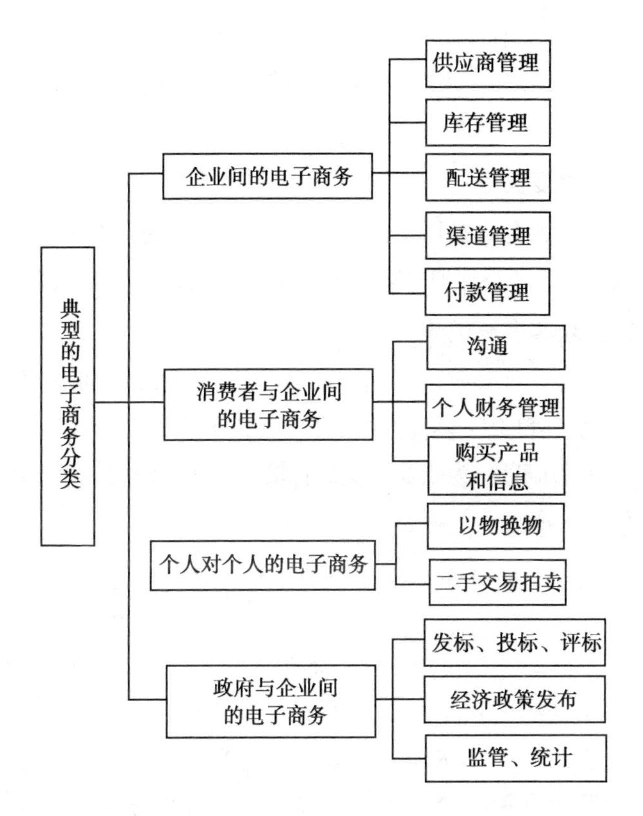

图1-1 典型的电子商务分类

第三节 农产品电子商务的作用

一、电子商务提升农业竞争优势

基于信息系统整合的农业电子商务系统集各种专项系统的功能，为农户提供全方位服务，帮助农户以市场需求为指导，合理管理资源，安排生产，及时响应市场需要。它是一种全新理念和技术的结合，将突破传统管理思想，为农业带来全新竞争优势。

（一）速度优势

基于系统整合的农业电子商务系统按整合的观念组织生产、销售、物流方式，以最快速度响应客户需求，给农业带来速度优势。

（二）顾客资源优势

传统农业生产经营是被动的，没有着眼于客户，更没将客户做为资源纳入管理。整合的农业电子商务系统可通过各种方式收集客户及市场信息，为企业提供最直接、最有价值的信息资源。

（三）个性化产品优势

整合的电子商务系统可以解决个体生产难以解决的品种单一问题。实现多产品、少批量、个性化生产。首先它可以在互联网支持下形成一套快速生产、加工、运输、销售计划；其二，在信息技术支持下，农户和农业企业可根据市场战略随时调整产品、重新组合、动态演变，适应市场变化。其三，柔性管理可以实行职能重新组合，让每个农户或团队获得独立处理问题的能力，通过整合各类专业人员的智慧，获得团队最优决策。技术、组织、管理三方面的结合使个性化农业生产成为现实。

（四）成本优势

整合的电子商务系统解决了产品个性化生产和成本是一对负相关目标这一矛盾。低生产成本、零库存和零交易成本使农户在获得多样化产品的同时，获得了低廉的成本优势。综上所述，中国农业发展呼吁一套集企业管理思想和各种信息系统于大成的、投资少、实用的电子商务系统。

农户甚至不用自己拥有网络设施和管理系统，只要在乡政府中心机房就可以实现农户个体管理企业化、电子商务化。

二、电子商务加速农村经济进步

（一）降低农业生产风险，促进农业产业化

我国目前的农业生产基本是以家庭为单位的小规模生产，农业生产者之间基本上不存在信息交流，农户往往凭借自己往年的价格经验来选择生产项目，确定生产规模。

农业产业化的实质是市场化，即以市场为导向，在农产品生产和流通过程中实现生产、加工、销售一条龙，在经济利益上，依据平均利润率的产业化组织原则实现生产、加工、销售一体化，即形成生产和流通利益共同体，把农户与市场联结在一起。通过电子商务强大的网络功能，跨越时间和地域的障碍，使农产品供需双方及时沟通，农业生产者能够及时了解市场信息，根据市场需求情况合理组织生产，以避免因产量和价格的巨大波动带来的效益不稳定，降低农业生产风险。农业产业化不同于计划经济条件下的农业生产经营方式，必须以市场需求为导向，优化调整农业结构，生产适销对路的产品，按市场机制配置生产要素，并要求农业产业化经营的各个环节和过程按市场机制组织活动。

（二）拓宽农产品销售渠道，减少环节，提高农业效益

我国目前的农产品流通体系尚不健全，因此农产品销售仍然存在着渠道窄、环节多、交易成本高、供需链之间严重割裂等问题。通过电子商务实现农业生产资料信息化，互联网将市场需求信息准确而又及时地传递给买卖双方，同时根据生产量需求信息传递给供应商适时补充供给。在业务模式上，提供了

交易市场、农产品直销、招标等交易模式，自行选择最适合自己的方式，真正实现电子商务的效能。

（三）形成新型的农产品流通模式，促进相关行业的发展

我国农产品交易链及其通路过程存在环节多、复杂、透明度不高、交易信息对称性较差等问题。产业发展的基础是生产，但市场和流通是决定产业发展的关键环节。农产品流通不畅已经成为阻碍农业和农村经济健康发展、影响农民增收乃至农村稳定的重要因素之一。农产品卖难及农产品结构性、季节性、区域性的过剩，从流通环节看，主要存在两个问题：一是信息不灵，盲目跟风。市场信息的形成机制和信息传播手段落后使农户缺少市场信息的指导。二是农产品交易手段单一，交易市场管理不规范。现在传统的方式主要是一对一的现货交易，现代化的大宗农产品交易市场不普及，期货交易、远期合约交易形式更少。通过建立以计算机联网为基础的农产品市场信息网络，实现网络营销和网上支付。保证了各地农产品销路畅通、供销协调。透明化的价格可以提高网上交易量，从网上获取产品和价格信息将增加产品的可比性和价格的透明度。由于不同地理位置产生的价格差别也将因不断增加的竞争而减小。

这将在生产资料价格上有利于农民，但是不利于其所生产的农产品价格。这就造成这样一个特别的现象：哪里存在许多有差别的农产品并有经常性的供给，哪里就需要生产资料供应专家为其服务。

生产商可以通过一个安全的市场获得收益，采购方从有保证的供应中受益，农业生产者可通过网上贸易受益，越是完善的网上市场越能为农民创造利润，甚至一些网站提供运费计算器，这样可以使交易者在价格、质量和运费之间选择最佳的组

合，提高了农业效益。还可以把基于信任的个人接触的销售模式移植到网上，提供订单、合同的流转和管理，从而带动与农产品销售相关的金融、物流、交通、运输、电信等第三产业的发展，加快农业产业化的进程。

三、农业电子商务的社会经济效益

（一）农业电子商务的直接效益

1. 降低管理成本

电子商务通过电子手段、电子货币，大大降低了传统的书面形式的费用，节约了单位贸易成本。有统计显示，使用电子商务方式处理单证的费用是原来书面形式的1/10，可以有效节约管理成本。

2. 降低库存成本

可以实现“零库存”，大量的农产品库存意味着农业企业流动资金占用和仓储面积的增加，利用电子商务可以有效地管理农业企业库存，降低库存成本，这是电子商务在农业企业的生产和销售环节最突出的一个特点。通过电子商务还可以减少农产品库存的时间、降低农产品积压程度，进而可以实现“零库存”，库存量的减少意味着农业企业在原材料供应、仓储和管理开支上将实现大幅度的节省，尤其是在土地价格不断上涨的今天，更可以节约大量成本。

3. 降低采购成本

利用电子商务进行采购，可以降低大量的劳动力和邮寄成本，据统计，施乐、通用汽车、万事达信用卡 3 个不同行业、不同性质的企业，通过电子商务在线采购，成本分别下降了83%、90%和68%。

4. 降低交易成本

虽然企业从事农业电子商务需要一定的投入（如域名、软件系统、硬件系统的维护费用），但是，与其他销售方式相比，使用农业电子商务进行贸易的成本将会大大降低。例如，将互联网当作媒介做广告，进行网上促销活动，可以节约大量的广告费用而扩大农产品的销售量。同时农业电子商务进行交易，可以不受时间、空间的限制，全天候地进行网上交易。

5. 时效效益

通过农业电子商务，能够使交易双方提前回笼货品的应收账款，从而节约一大笔资金占用成本。时效效益的大小通常根据商家应收账款的数量和提前回笼时间的长短来估算。

6. 扩大销售量

通过电子商务，农产品可以打破地域的限制，扩大销售量，为农业企业获取更多的利润。

（二）农业电子商务的间接效益

1. 更好地客户关系管理

通过电子商务在互联网上介绍产品，可以为客户提供农产品的技术支持，客户可以自己查询已订购农产品的处理信息，这一方面使客户服务人员从繁琐的日常事务中解放出来，去更好地处理与客户的关系，而且使客户更加满意。

2. 促进信息经济的发展和全社会的增值

农业电子商务是目前信息经济中最具前途的发展趋势，是未来的农产品贸易发展方向，必将推动农业信息经济的发展。同时农业电子商务可以大幅度增加世界各国的农产品贸易活动，大大提高农产品贸易环节中多数交易的成交数量。

3. 其他收益

除此之外，农业电子商务还有很多难以测算的其他收益。

如实施电子商务后，由于信息迅速、准确的传递而获得的一系列的成本节约或收益。又如广东农业企业发布专题信息、网站广告，定制信息分析服务、收取交易佣金等。

四、电子商务促进特色农业发展

有学者认为，决定一个产业竞争能力的因素主要有5个，即供应商、经销商、消费者、现有生产商、潜在进入者，这5种力量的彼此竞争决定了该产业发展的前景态势。那么，在电子商务环境下，特色农业的这5种力量会发生什么样的变化。

（一）电子商务对消费者的影响

电子商务环境下，消费者通过互联网可以了解众多商品的信息，而且可以很方便地得到具体商品的各种功能与特征，因此，消费者的消费自主性得到极大的提升，个性化需求成为消费者的一个显著特点。而特色农产品由于其地域或功能的独特性，易于吸引消费者的目光。特别是主打绿色健康概念的特色农产品，很容易受到消费者的青睐。互联网成为人们工作、生活不可替代的工具，网上购物也成为消费者购物的新潮流。特色农产品的网上销售模式成为可能，从而使以往局限于特定地域的特色农产品通过互联网能够面向全球市场，销售半径的扩展使得扩大销售量成为可能。直接面向消费者也利于收集消费者对产品各方面的意见，对产品质量的改进有着极为重要的作用。

（二）电子商务对生产商的影响

电子商务使生产商面对全球化的市场，一方面扩大了销售半径，但另一方面也使其面临着全球化的竞争。以前特色农产品生产商的竞争对手可能主要局限于某一特定地域，如今却面临全球各地特色农产品的竞争，市场竞争的加剧势必影响各自市场占有率，进而影响效益。因此，产品之间的差异性变得更加重要，谁的产品更能满足消费者需求，谁就能在市场上获得更大的收益。互联网为特色农产品培育新的顾客群体提供了廉价的信息发布渠道，网上虚拟商店以极低的成本每天 24 小时向消费者展示产品的特色。同时消费者使用后的反馈意见也可以很方便地在论坛上得以展现，网络口碑的传播能方便地为企业带来更多的新客户。

（三）电子商务对供应商的影响

特色农业的供应商主要是种子、化肥、生产加工机械等相关生产资料的提供者。电子商务环境下，特色农产品的生产商通过互联网络可以很方便地采购到所需的各种生产资料，而且能够货比多家，因而议价能力得以提升，价格更实惠。

（四）电子商务对经销商的影响

网上店铺直销方式的存在降低了特色农产品对传统商业模式中经销商的依赖，因而也能增加生产商对经销商的议价能力，同时互联网信息的快速传递，也有利于生产商对经销商的沟通与掌控。

（五）电子商务对潜在进入者的影响

电子商务的出现使传统特色农产品的利益市场全球化，市场容量的扩大为规模效益的实现提供了可能。另外其对上下游环节的有效沟通提供了低成本且有效的方式，一定程度上降低了新进入者成本，从而会有更多瞅准商机的企业进入这一市场。

由以上分析可知，电子商务具备使特色农业面临全球市场，降低其市场推广及销售成本，增强生产商在供应链上下游环节的议价能力的优势。虽然也使市场竞争更趋激烈，但只要利用好电子商务这一利器，更好地锻造特色，就一定能为我国特色农业的发展助一臂之力，变发展特色农业的可行性为现实性。

第二章　电子商务的交易模式

电子商务作为一种全新的商务模式，是 21 世纪的主流商业与贸易形态，代表着贸易方式的发展方向。它将一个全新的、没有边界的、数字化的虚拟市场展现在我们的面前。

第一节　B2B 电子商务模式

一、B2B 模式的定义

B2B，即 business to business，有时写作 BtoB，但为了简便干脆用其谐音 B2B。它是指商家（泛指企业）对商家的电子商务，即企业与企业之间通过互联网进行产品、服务及信息的交换。通俗的说法是指进行电子商务交易的供需双方都是商家（或企业、公司），他们使用 Internet 的技术或各种商务网络平台，完成商务交易的过程。

B2B 过程包括发布供求信息、订货及确认订货、支付过程及票据的签发、传送和接收、确定配送方案并监控配送过程等。

B2B 的典型是中国供应商、阿里巴巴、中国制造网、敦煌网、慧聪网等。

二、B2B 电子商务对企业的影响

第一，电子商务使企业能够通过减少订单处理费用、缩短

交易时间、减少人力占用来加强同供货商的合作关系，从而可以集中精力只同较少的供货商进行业务联系。概括地说就是“加速收缩供货链”。

第二，电子商务缩短了从发出订单到货物装船的时间，从而使企业可以保持一个较为合理的库存数量，甚至实现零库存(just-in-time)。可以想象当大部分的贸易伙伴都由电子方式联系在一起时，原本需要用传真或信函来传递的信息现在只要鼠标一点就可以迅速传递过去。

第三，企业每一笔单证都由专门的中介机构记录在案，从而保证了交易的安全性。

第四，电子商务使运输过程所需的各种单证，如订单、货物清单、装船通知等能够快速准确地到达交易各方，从而加快了运输过程。由于单证是标准的，也保证了所含信息的精确性。

第五，在电子商务环境中，信息能够以更快、更大量、更精确、更便宜的方式流动，并且信息能够被监控和跟踪的。

可以看出，在电子商务条件下，企业可成为利用信息资源的最有效的组织形式，电子商务可以增加企业收入来源、降低企业经营成本、加强与合作伙伴沟通的能力。在虚实结合的经济全球化、消费个性化的环境下，电子商务企业可以大大增强市场适应和创新能力，大大提高自身经济活动水平和质量。对企业来说，电子商务将改变企业商务活动的方式，改变企业的生产方式以及企业的竞争方式、竞争基础和竞争形象。

三、B2B电子商务的一般流程

参加交易的买卖双方在做好交易的准备之后，通常都是根据电子商务标准的规定开展交易活动的。电子商务标准规定了电子商务应遵循的基本程序，通常是以EDI标准报文格式交换数据，如图 2－1 所示。其过程表述如下。

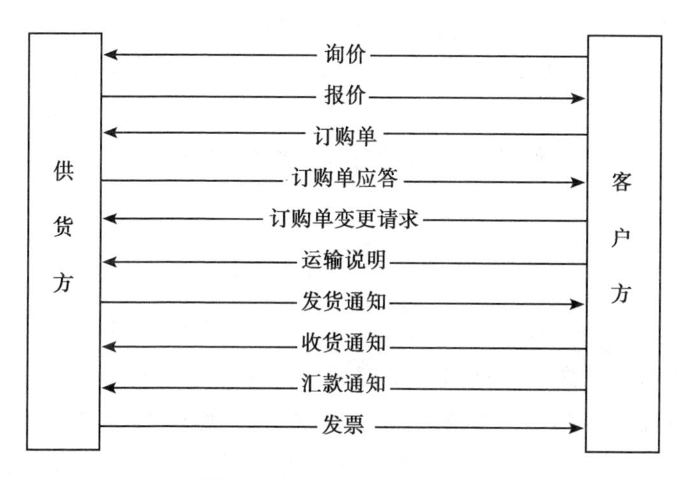

图 2－1 B2B 网上交易过程

第一，客户方向供货方提出商品报价请求，说明想购买的商品信息；

第二，供货方向客户方提供该商品的报价，说明该商品的报价信息；

第三，客户方向供货方提出商品订购单，说明初步确定购买的商品信息；

第四，供货方向客户方提出商品订购单应答，说明有无此商品及此商品的规格、型号、品种、质量等信息；

第五，客户方根据应答提出是否对订购单有变更请求，说明最后确定购买的商品信息；

第六，客户方向供货方提出商品运输说明，说明运输工具、交货地点等信息；

第七，供货方向客户方发出发货通知，说明运输公司、交货地点、运输设备、包装等信息；

第八，客户方向供货方反馈收货通知，报告收货信息；
第九，买方发汇款通知，卖方报告收款信息；
第十，供货方向客户方发送电子发票，全部交易完成。

第二节 B2C 电子商务模式

一、B2C 模式的定义

B2C，即 business to customer。B2C 模式是我国最早产生的电子商务模式，以 8848 网上商城正式运营为标志。B2C 即企业通过互联网为消费者提供一个新型的购物环境——网上商店，消费者通过网络在网上购物、在网上支付。由于这种模式节省了客户和企业的时间和空间，大大提高了交易效率，节省了宝贵的时间。B2C 的典型有天猫、京东商城、当当网等。

二、B2C 模式的种类

根据销售产品（服务）、销售过程和销售代理（或中间商）的数字化程度（从实物到数字的转变）的不同，电子商务可以有多种形式。如图 2－2 所示的框架图描述了三个维度上的可能组合。产品可以是实体的或数字化的，销售过程可以是实体的或数字化的，销售代理也可以是实体的或数字化的。所有可能的组合方案共同形成了八个立方体，每个立方体上都有三个维度。传统商务的所有维度都是实体的（左下角立方体），完全电子商务的所有维度都是数字化的（右上角的立方体）。除此之外的立方体包括了数字维度和实物维度的混合，由于至少有一个维度是数字化的，我们认为它是电子商务，只不过是不完全的电子商务。

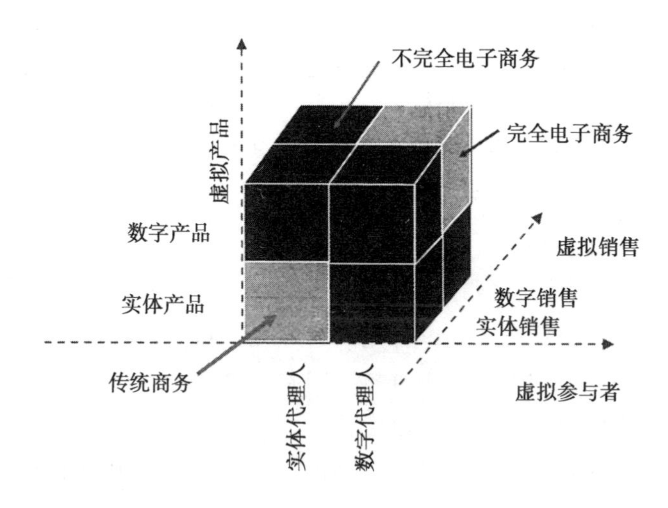

图 2－2　电子商务的维度

例如，从戴尔公司的网站上购买一台计算机或从亚马逊购买一本书都是不完全的电子商务，因为商品的配送是靠实体完成的。然而，从亚马逊购买一本电子图书是完全的电子商务，因为产品、配送、付款和到购买者处的传输都是数字化的。

（一）完全电子商务模式

无形（数字）产品的网上销售即为完全电子商务模式。完全电子商务主要有以下模式。

1. 网上订阅模式

网上订阅模式是指企业通过网页向消费者提供网上直接订阅，消费者直接浏览信息的电子商务模式。网上订阅模式主要被商业在线机构用来销售报纸杂志、有线电视节目等。网上订阅模式主要有在线服务、在线出版、在线娱乐等。

2. 付费浏览模式

付费浏览模式是指企业通过网页向消费者提供计次收费性

网上信息浏览和信息下载的电子商务模式。该模式的成功要具备两个条件：首先，消费者必须事先知道要购买的信息，并且该信息值得付费获取；其次，信息出售者必须有一套有效的交易方法，而且该方法可以处理较低的交易金额。这种模式会涉及知识产权问题。

3. 广告支持模式

广告支持模式是指在线服务商免费向消费者或用户提供信息在线服务，而营业活动全部用广告收入支持。广告支持模式需要上网企业的广告收入来维持。网站广告必须对广告效果提供客观的评价和测度方法，以便公平地确定广告费用的计费方法和金额。计费方法有：按被看到的次数计费；按用户录入的关键字计费；按点击广告图标次数计费。

4. 网上赠与模式

网上赠与模式是一种非传统的商业运作模式，是企业借助于国际互联网用户遍及全球的优势，向互联网用户赠送软件产品，以扩大企业的知名度和市场份额的一种模式。通过让消费者使用该产品，吸引消费者下载新版本的软件或购买另外一个相关的软件。网上赠与模式的实质就是“试用、然后购买”。采用网上赠与模式的企业主要有两类，一类是软件公司，另一类是出版商。

（二）不完全电子商务模式

不完全电子商务主要是有形商品的网络交易，这类商品的交易过程中所包含的信息流和资金流可以完全实现网上传输，但商品交付不是通过电脑的信息载体，而仍然通过传统的方式来实现。

目前，网上交易活跃、热销的有形产品依次为：数码产品、旅游、娱乐、服饰、食品饮料、礼品鲜花等。

企业实物产品在线销售的形式目前有两种：在网上设立独立的虚拟店铺，成为网上在线购物中心的一部分。

（三）综合模式

实际上，多数企业网上销售并不是仅仅采用一种电子商务模式，而往往采用综合模式，即将各种模式结合起来实施电子商务。

第三节　C2C 电子商务模式

一、C2C 模式的定义

C2C，即 consumer to consumer。C2C 同 B2B、B2C 一样，都是电子商务的模式之一。不同的是，C2C 是用户对用户的模式。C2C 商务平台就是通过为买卖双方提供一个在线交易平台，使卖方可以主动提供商品上网拍卖，而买方可以自行选择商品进行竞价。

随着网民数量的不断增加和网络购物市场的日趋成熟，以及第三方支付平台的出现和信用评价体系的建立，C2C 电子商务模式更灵活和自由的模式受到越来越多用户的认可，C2C 的典型是易趣网、拍拍网、淘宝网等。

二、C2C 的构成要素

C2C 的构成要素包括买卖双方和电子交易平台供应商。

三、C2C 的交易方式

C2C 的交易方式有拍卖和电子市场两种。

第四节　B2G电子商务模式

一、B2G模式的定义

B2G模式即企业与政府之间通过网络所进行的交易活动的运作模式。由于活动在网上完成，企业可以随时随地了解政府的动向，还能减少中间环节的时间延误和费用，提高政府办公的公开性与透明度，这种模式效率高、速度快和信息量大。B2G比较典型的例子是网上采购，即政府机构在网上进行产品、服务的招标和采购。这种运作模式使投标费用降低。这是因为供货商可以直接从网上下载招标书，并以电子数据的形式发回投标书。同时，供货商可以得到更多的甚至是世界范围内的投标机会。由于通过网络进行投标，即使是规模较小的公司也能获得投标的机会。

二、B2G交易的内容

第一，信息发布。政府通过建立网站向企业发布各种法规、更换执照、招商引资信息、税单指南、商务指南等信息。

第二，电子政务。政府利用电子商务执行其政府职能向企业收取税费、发放工资和福利、招标采购、招商引资等。

三、政府的角色

政府扮演两种角色：一是作为电子商务的使用者进行商业上的购买活动；二是作为电子商务的宏观管理者对电子商务起着扶持和规范的作用。

第五节　C2G 电子商务模式

一、C2G 模式的定义

C2G 模式即消费者对政府机构的电子商务，政府可以把电子商务扩展到福利费发放和个人所得税征收方面，通过网络实现个人身份的核实、报税、收税等政府与个人之间的行为。

二、C2G 实现方式

C2G 的实现方式有：①政府内部网络办公系统；②电子法规、政策系统；③电子公文系统；④电子司法档案系统；⑤电子财政管理系统；⑥电子培训系统；⑦垂直网络化管理系统；⑧横向网络协调管理系统；⑨网络业绩评价系统；⑩城市网络管理系统。

第六节　O2O 电子商务模式

一、O2O 模式的定义

O2O（online to offline），即将线下商务的机会与互联网结合在一起，让互联网成为线下交易的前台。这样线下服务就可以用线上来揽客，消费者可以用线上来筛选服务，并在线支付相应的费用，去线下供应商那里完成消费。该模式最重要的特点是推广效果可查，每笔交易可跟踪。如一些团购类网站。

二、O2O 与 B2C、C2C 的区别

首先，O2O 更侧重服务性消费（包括餐饮、电影、美容、旅游、健身、租车、租房等）；B2C、C2C 更侧重购物（实物商品，如电器、服饰等）。

其次，O2O 的消费者到现场获得服务，涉及客流；B2C、C2C 的消费者待在办公室或家里，等货上门，涉及物流。

再次，O2O 中库存是服务；B2C 中库存是商品。

第七节　农村电子商务的新型模式

一、休闲农业的电子商务

目前，我国的游客，尤其是来自城市的广大游客，已不满足于传统的观光旅游，个性化、人性化、亲情化的休闲、体验和度假活动渐成新宠。农村地区集聚了我国约 70% 的旅游资源，农村有着优美的田园风光、恬淡的生活环境，是延展旅游业、发展休闲产业的主要地区。

据农业部 2014 年年底统计数据显示，全国约有 8. 5 万个村开展休闲农业与乡村旅游活动，休闲农业与乡村旅游经营单位达 170 万家，其中农家乐 150 万家，规模以上休闲农业园区超过 3 万家，年接待游客 7. 2 亿人次，年营业收入达到 2 160亿元，从业人员 2 600万。在“互联网 +”已经上升为国家战略的当下，面对如此规模的市场，互联网与休闲农业的结合已经势在必行。

【经典案例】一

乡村游网

乡村游网依托成都市旅游促进中心、成都市旅游呼叫中心成立，致力于为消费者提供最全、最新、最准、最实惠的乡村旅游网上服务，热心、周到、客户至上是平台永远追求的宗旨。

乡村游网在线服务平台有着海量信息，不仅实现了为乡村旅游爱好者的资讯查询，还实现了在线预订、电话预订、手机短信和WAP平台等服务，满足了消费者“吃农家饭、品农家菜、住农家院、干农家活、娱农家乐、购农家品”等全方位需求，用户可以在获取广泛信息的基础上，通过强大的地图搜索、360度全景、真实的最低折扣消费和用户真实点评等在线服务，做出最佳消费选择，用超低折扣价值就可实现都市时尚达人对新旅游、新体验、新潮流的生活追求。

乡村游在线服务平台不仅为个人用户提供资源丰富、信用度高、使用性强的精准信息平台，同时还为商家建立了以网站、广播、电视、报纸、杂志展架、LED广告屏“社区公告”等多项服务的全方位的市场营销解决方案，它将成为人们到乡村旅游最可依赖的休闲生活平台，目前已有14万会员，但网站排名及流量均偏低，初步判断主要由于后期网站运营推广工作不足导致，但此案例商业模式具备一定创新价值，值得关注和借鉴。

【经典案例】二

去农庄网

去农庄网号称全国首家专业的乡村旅游综合平台，是中国第一款“互联网＋农业”的大型网站平台和手机App，目标是把城市周边的农家乐、果园、苗圃、钓鱼场、民宿、游乐场、生态园、观光园等整合在一个平台上，满足城市居民对于休闲农业和吃住行、生态农副产品购物的需求和消费。

去农庄网目标覆盖到全中国所有的城市，让所有城市人不再为节假日去哪儿发愁，让孩子跟着父母亲回到大自然，让相濡以沫的情侣沐浴在乡村的气息里，让所有人来一次就还想再来的旅行，通过数以百万的乡村旅游商铺和种养殖商铺的大量入驻，通过客户的评价体系，提升乡村旅游的硬件、环境、卫生和服务水平。

去农庄网尚未正式上线，但其商业模式已经引起了业内的广泛关注。概括来讲，去农庄网被称之为“F + F”模式，即family to farm（家庭去农场）、farm to family（农场进家庭）。首先，去农庄网搭建网络平台，解决了城市“家庭去农场”的选择问题，在家庭到农庄进行消费和体验后，可以带动“农场进家庭”，解决广大城市居民对于健康食品、绿色无公害和有机食品的需求。进而通过去农庄网沉淀下来的大数据，将其发展成未来的“F + F”社交平台，即family to family（家庭和家庭）的社交，去农庄网将和支付宝合作构建O2O的支付结算体系，还将和嗒嗒巴士合作发展周末团队家庭的乡村旅游。未来商业模式还在不断创新和优化，希望涉足农产品网上超市、农业众筹平台建设、O2O广告传媒、O2O农产品配送、候鸟养老计划等。

综合来看，农业休闲旅游行业市场空间巨大，但与互联网结合尚处于探索阶段，一方面由于互联网化刚刚起步，另一方面线下中国休闲旅游实体发展相对滞后，目前来看，行业内还未出现具备一定影响力和规模的标杆案例，大多数平台属于信息发布、交易撮合型电子商务平台，在与互联网相结合的模式上创新性不足，但可以预判休闲农业势必在互联网的推动下飞速发展，这一市场非常值得期待和关注。

二、淘宝村

随着互联网的飞速发展，在整个农业产业链条均在尝试互联网化的同时，不断有新兴的商业模式或新型的商业群体涌现，淘宝村便是基于旧农村基础，通过与互联网的紧密结合衍生出的新型农村业态。

淘宝村在量化的定义中是指活跃网店数量达到当地家庭户数10%以上、电子商务年交易额达到1 000万元以上的村庄。2013年，阿里发布了20个中国淘宝村，仅仅过去一年，2014年年底这一数据就被刷新到了211个，同时首批19个淘宝镇（拥有三个及以上淘宝村的乡镇街道）也随之涌现。那些曾经以“种田”为生的农户，如今以“种网”为生。互联网改变了农户的命运，也改变了整个村庄的命运，互联网让一个个“封闭村”变成了远近闻名的“淘宝村”，小小的村庄旧貌换新颜，散发出勃勃生机。

从2009年开始，短短6年时间，淘宝村经历了萌芽、生长、大规模复制等几个阶段。2014年，淘宝村迎来了空前快速发展期，基于各地申报、媒体报道、实地调研、数据分析等信息，阿里研究院在全国共发现211个淘宝村，这些淘宝村分布在福建、广东、河北等10个省市。其中，浙江62个、广东54个、福建28个、河北25个、江苏25个，这五个省已发现的淘宝村数量在全国占比超过90%。同时，中西部首次出现了淘宝村的身影，来自四川郫县的2个淘宝村以及来自河南和湖北的各1个淘宝村进入了淘宝村大名单。

【经典案例】一

揭阳军博村：缔造淘宝村财富神话

军埔村隶属于广东省揭阳市揭东区锡场镇，军埔村本是一个“食品专业村”，随着食品加工厂生存艰难，村中村民也多出外谋生。随着村中一些在外做服装生意的青年开始回乡创办淘宝店，军埔村于2013年6月引起地方政府关注，揭阳市提出要打造“电子商务第一村”，揭阳市政府协调金融机构拿出了1 000万元的贷款，财政贴息50%。不到半年的时间，这个村庄很快就发展成“淘宝村”——490户2 690人的小村，开办了超过1 000家网店，在不到半年的时间里交易额翻了数番。2013年“双11”网购节过后，这个村子创造了超过1亿元的销售纪录。

【经典案例】二

北山村："北山模式"从无到有

北山村位于丽水缙云壶缜镇北山脚下，2010年底村庄合并后，由上宅、下宅和塘下三个自然村组成，有700多户人家。其中拥有800多人的下宅自然村就有200多家淘宝店铺，集中了全村绝大多数电商企业。在这200多家淘宝店铺中，皇冠级别的就有27家。2013年，全村实现电子商务销售额1亿元。

北山村是丽水市首个农村电子商务示范村。短短几年间，该村从“烧饼担子”“草席摊子”发展为“淘宝村”，已逐步形成以北山狼公司为龙头，以个人、家庭以及小团队开设的分销店为支点，以户外用品为主打产品的电商发展模式——“龙头企业示范带动+政府推动引导+青年有效创业”，北山村发展农村电子商务的事迹被中国社科院有关专家概括为“北山模式”。

未来，淘宝村将很可能变成常态化，在未来5～10年中，淘宝村的数量在自然复制和政府推动的双重作用下势必仍将保持快速增长，也必将成为农村经济的必备生产力要素，在提高农村收入、提升乡镇经济实力、改变农民消费习惯、加入城镇化进程等方面都将起到积极推动作用，进而深刻改变中国农村的经济生活面貌。

三、农村金融的电子商务

2013 年以来互联网金融出现“井喷式”发展并引发社会各界广泛关注，引用百度百科对于互联网金融一词的解释：“互联网金融（ITFIN）是指依托于支付、云计算、社交网络以及搜索引擎、App 等互联网工具，实现资金融通、支付和信息中介等业务的一种新兴金融。互联网金融不是互联网和金融业的简单结合，而是在实现安全、移动等网络技术水平上，被用户熟悉并接受后（尤其是对电子商务的接受），自然而然为适应新的需求而产生的新模式和新业务。它是传统金融行业与互联网精神相结合的新兴领域。互联网金融的出现在一定程度上解决了多年来传统银行始终没有解决的中小微企业融资难的问题，但同时也对传统金融形成较大冲击。

传统金融在过去的一个世纪中发展出了令人眼花缭乱的理论体系和创新产品，然而，从本质上看，金融的核心功能无非资源配置、支付清算、风险控制和财富管理、成本核算等几大类。下面将基于上述几个维度对传统农村金融与互联网农村金融进行对比，探寻互联网农村金融较传统农村金融的优势所在。

（一）资源配置维度

无论是传统的农业生产还是如今的农业互联网经济，获得资源的主要渠道都是信贷。然而，传统金融在保证农村大企业信贷供给的同时，对小微企业和普通农户的供给明显不足。作为农村金融服务核心部分，传统金融对农村住户贷款业务面临三个方面的现实挑战：一是农村住户储蓄转化为对农村信贷的比例不高；二是农村住户信贷中转化为固定资产投资的比例不高；三是农村住户贷款与农村住户偿还能力的匹配度不高。这三个“不高”集中反映了传统金融在农村资源配置方面的能力不足。

贷款转化比例不高说明农村住户的储蓄资金逃离农村的现象突出，统计数据显示，东部和中部地区普通农户的存贷比分别仅为1.7%和2%。

购置固定资产的比例不高显示出贷款用途进一步复杂化，在银行类金融机构不掌握相关数据的情况下，这一变化将增加贷后管理的难度和潜在坏账风险。有数据显示，农村信贷资金用于购置固定资产的比例仅为0.8%，几乎可以忽略不计。

贷款与偿还能力的匹配度不高会直接导致违约风险上升。从实际情况看，目前农村信贷的贷前管理主要强调抵押和担保，也就是强调农户的还款意愿。强调还款意愿是信贷中一项重要技术，然而，仅强调还款意愿而忽视还款能力，也很难保证农户按期还款。一旦短期借款远远超过农户的短期收入，就会造成违约的发生，在实践中即使存在合格的抵押品，金融机构的处置难度也很大。一旦坏账发生，就会带来较大的损失，因此金融机构的借贷意愿很难提高。

而互联网金融在农村资源配置方面则要优于传统金融。首先，互联网金融基本不会产生传统金融“抽水机”的负面作用。相反，由于农村地区的项目能够提供更高的回报率，互联网金融会吸引来城市的资金，转而投资在农村地区，从而创造出比城市、大企业高得多的边际投资回报率。需要指出的是，虽然利率较高，但是由于期限和金额相对灵活，放款速度快，互联网金融发放的信贷资金实际成本未必很高。其次，从匹配的准确性角度看，互联网金融掌握海量的高频交易数据，可以更好地确定放贷的客户群体，通过线上监控资金流向，做好贷中、贷后管理，在很大程度上克服了农村金融中资金流向不明，贷后管理不力的问题。

(二) 支付清算维度

我国农村地区长期以来存在着现金支付的传统，现金支付比例长期居高不下。从支付本身的角度看，现金支付的成本很高。从国际经验看，现金支付比例高的地方，经济的正规化程度就低，经济中灰色区域就大，偷逃税的现象就多。更进一步说，现金支付比例越高，网络经济、信息经济的发展就会滞后，会影响农村地区的产业升级和城镇化进程。我国农村地区现金支付比例高首先是长期以来形成的传统，其次是传统金融没有发展出适合农村支付的“非现金化”模式。邮政储蓄的按址汇款、农行的惠农卡以及各商业银行都在努力推进的无卡交易改善了农村的支付环境，也降低了现金使用的比例。但是，这些“创新”还是要基于网点的建立和电子机具的布设，没能很好地适应农村地区对现代化支付的需求，也就无法切实解决农村的支付问题。

“互联网 + 金融”在支付方面已经做出了巨大突破。在互联网金融中，支付以移动支付和第三方支付为基础，很大程度上活跃在银行主导的传统支付清算体系之外，并且显著降低了交易成本。在互联网金融中，支付还与金融产品挂钩，带来丰富的商业模式，这种支付 + 金融产品 + 商业模式的组合与中国广大农村正在兴起的电商新经济高度契合，将缔造巨大的蓝海市场。

(三) 风险控制维度

“三农”领域风险集中且频发。人类的科技发展至今没能改变农业、农村“看天吃饭”的问题。旱涝灾害、疫病风险以及市场流通过程中的运输问题都会导致农民的巨大损失。传统金融采用农业保险+期货的方式对冲此类风险。2007年以来，国家对农业保险给予了大量政策性补贴，取得了一定的效果，但总体看作用不明显。互联网金融“以小为美”的特征在这方面将大有作为，新的大数据方式将非结构数据纳入模型后，将为有效处理小样本数据，完善风险识别和管理提供新的可能。

（四）财富管理维度

传统金融经过多年努力，在农村地区建立起了广覆盖的服务网络，但是这种广覆盖不仅成本高，而且水平低，其“综合金融”覆盖也基本不包括理财服务。对传统金融机构而言，理财业务门槛高，流程复杂，占用人力资本较多，在农村地区的推广有限。互联网金融已经做出了很好的尝试。类似“余额宝”的创新产品开创了简单、便捷、小额、零散和几乎无门槛的全新理财模式。早在该产品推出的第一年（2013年），余额宝用户就覆盖了我国境内所有的2 749个县，实现了全覆盖和普遍服务。最西端的新疆乌恰县有1 487名用户，最南端的三沙市有3 564名用户，最东端的黑龙江抚远县有7 920名用户，最北端的黑龙江漠河县有2 696名用户。在提升农民财富水平的同时，也进行了一场很好的金融启蒙。

（五）成本核算维度

一般可以将成本分为人员成本和非人员成本。对于传统金融机构而言，非人员成本主要指金融机构网点的租金、装修、维护费用，电子机具的购置、维护费用，现金的押解费用等；人员成本主要指人员的薪金、培训费用等。从下列数据可以看出成本是造成农村金融困局的主要原因之一。如一家6～7人的小型金融机构租用网点，一年的总成本超过150万元。相比之下，互联网金融在农村可以不设网点，没有现金往来，完全通过网络完成相关的工作。即使需要一些业务人员在农村值守并进行业务拓展，其服务半径会比固定的银行网点人员的服务半径大得多，从而单位成本更低。另外，互联网金融通过云计算的方式极大地降低了科技设备的投入和运维成本，将为中小金融机构开展农村金融业务提供有效支撑。

互联网金融本身是新生事物，在农村发展的时间相对更短，但由于互联网金融与农村场景天然的耦合性，目前在我国已经出现了若干种“互联网＋农村金融”模式，并可主要分为传统金融机构“触网”、信息撮合平台、P2P借贷平台、农产品和农场众筹平台以及正在探索中的互联网保险等五种主要形式。

1. 传统金融机构“触网”

农村金融改革的12年来，传统金融机构做了很多有益的尝试。农行的助农取款服务就是一种接近“020”的业务模式。通过与农村小卖部、村委会合作，利用固定电话线和相对简易的机具布设，农户就可以进行小额取现。例如安徽农信社，其手机银行通过短信进行汇款，方便快捷，用户基础广泛，目前累计用户238万，日均转账8亿元，累计转账1 349亿元，已经形成了一定的规模。

2. 信息撮合平台

信息撮合平台是利用网络技术将资金供给方和需求方的相关信息集中到同一个平台上，帮助双方达成信贷协议的一种方式，是一种比较初级的互联网金融业务模式。

3. P2P借贷平台

相对于简单的信息共享平台，P2P平台要复杂得多，资金需求方会在网站上详细展示资金需求额、用途、期限以及信用情况等资料，资金提供方则根据个人风险偏好和借款人的信用情况来进行选择。借款利率由市场供需情况决定。目前我国农村 P2P 平台中，宜信和翼龙贷是代表型企业。

（1）宜信。该公司在 2009 年开始进入农村金融市场，经过多年探索，发展出了一条适合中国农村的互联网金融 O2O 模式。早年的宜信是通过传统的“刷墙”方式下沉到农村，“刷墙”既把金融信息带给农民，也搜集了农民的信息。2010 年，他们开始在农村开设服务网点，并推出以提供小额信用贷款服务为主“农商贷”业务。与宜农贷不同，农商贷所提供的贷款额度更高，并且主要用于支持农民的生产和创业（比如开店）。宜信在过去几年中还发展出了独有的“带路党”。该群体具有很强的农村属性，不仅帮助拓展了渠道，还提升了征信的可信度，缓解了农村金融征信难问题。宜信已经在 133 个城市、48 个农村地区建立起协同服务的网络。

2015 年 1 月，宜信在北京发布了第二个五年计划——“谷雨战略”，旨在打造并开放农村金融云平台，通过农村金融服务生态圈，开放宜信小微企业和农户征信、风控、客户画像等能力，并将自建 1 000 个基层金融服务网点，提供包括农村信贷、农村支付、农村保险在内的综合性互联网金融服务。

（2）翼龙贷。和宜信不同，翼龙贷走出了一条“同城 O2O 模式”或者更通俗的说是加盟商模式。他们从互联网获得资金，通过线下运营加盟模式，形成了一套农村特色的风控体系。

翼龙贷在农村金融方面更强调熟人社会的作用，强调加盟商的本地属性。如果加盟商是本地人，要向翼龙贷提供身份证、户口本、结婚证等文件以及无犯罪记录证明。如果是外地人在本地做业务，则要提供居住五年以上的证明。加盟商开展业务之前，首先要把自己的房产抵押给翼龙贷，并且向总部交保证金。加盟商负责县级市的业务要交 50 万元保证金，负责地级市业务要交 200 万元保证金。一个县级市加盟商可以获得 50 万元放大30～50倍的资金量，即至少可以放贷1 500万元，同时公司会不断考核加盟商的还款能力和坏账率，有了坏账和违约的情况，都得加盟商自己承担。通过加盟商模式和独特的征信、风控方式，翼龙贷的业务有了较快发展，风控水平较高。2014年一年的交易量20亿元，坏账率0.98%。

4. 农产品和农场众筹

众筹是一种互联网属性很高的融资模式，充分体现了互联网崇尚自由、创新的精神，早期主要服务于文化、科技、创意以及公益等领域。简单来看，众筹类似一个网上的预订系统，项目发起人可以在平台上预售产品和创意，产品获得了足够的“订单”，项目才能成立，发起者还需要根据支持的意见不断改进项目。众筹更加注重互动体验，同时回报方式也更灵活，“投资收益”不局限于金钱，而可能是项目的成果。就农业方面而言，可能是结出的苹果、樱桃甚至挤出的牛奶，也可能是受邀前往“自己”的农场采摘。如果项目失败，则先期募集的资金要全部退还投资者。

“尝鲜众筹”于2014年3月上线，是中国第一家农业领域专门性众筹平台，是品牌东方集团旗下的众筹平台网站，为农业项目的创业发起人提供募资、投资、孵化、运营的一站式专业众筹服务。农产品和农场众筹是一个新的概念，由于参与、回报方式更加个性化，满足了“小众”需求，尊重投资者意愿，将是未来农村金融重要的发展方向。

5. 农村互联网保险

目前来看，农业保险和农产品期货发展迅速但作用不大，究其原因主要有两方面：一方面是中国的农业保险产品对中央财政补贴具有依赖性，商业化运作匮乏；另一方面是小农经济长期存在，大农场、标准化农产品少，在大工业基础上发展起来的传统金融在对接零散农业需求时显得力不从心。实事求是地说，真正对接农村的互联网保险还在探索中。

国内首家网络保险公司——众安在线于2013年推出的高温险有部分的“自然灾害”保险属性，而且投保方便、理赔灵活。理赔时，投保人无需提供相关证明，保险公司会根据中央气象台的天气预报进行自动赔付。

可以预期，随着互联网技术的进步，大数据、云计算和保险精算的进一步融合，基于农村的互联网保险产品会大量涌现，并更好地服务于国内农村新经济环境。

第三章　电子商务支付

第一节　电子商务支付类型

一、电子支付

（一）电子支付的概念

电子支付（electronic payment），指的是通过电子信息化的手段实现交易中的价值与使用价值的交换过程，即完成支付结算的过程。

（二）电子支付的发展历程

电子支付的发展可分为以下几个阶段（见图3－1）。

第一阶段是银行利用计算机处理银行之间的业务，办理结算。

第二阶段是银行计算机与其他机构计算机之间资金的结算，如代发工资，代交水费、电费、煤气费、电话费等业务。

第三阶段是利用网络终端向用户提供各项银行服务，如用户在自动柜员机（ATM）上进行存取款操作等。

第四阶段是利用银行销售点终端（POS）向用户提供自动扣款服务。

第五阶段是最新发展阶段，电子支付可随时随地通过互联

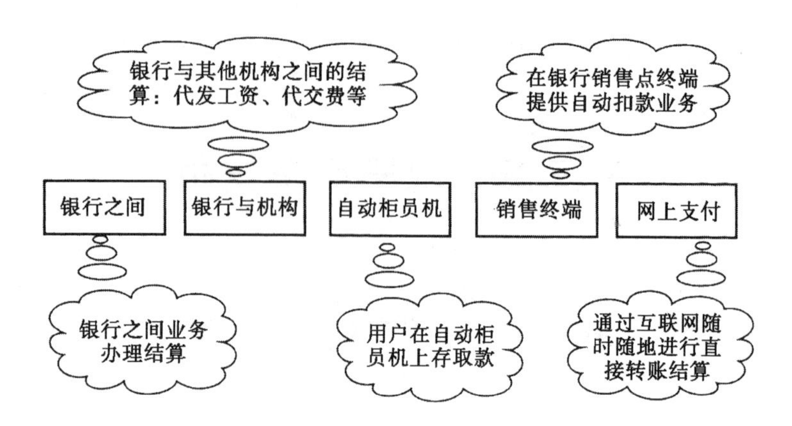

图 3－1　电子支付的发展历程

网络进行直接转账结算，形成电子商务环境。

（三）电子支付的特征

实时在线电子支付是电子商务的关键环节，也是电子商务得以顺利发展的基础条件。

1. 支付特征

①利用信息技术，采用数字化方式进行支付；②支付环境是开放的互联网；③对支付的软硬件设施有很高的要求；④支付方便，费用低；⑤支付过程无形化。

2. 支付方式

电子支付的方式很多，从电子支付发生的先后时间可将电子支付分为预支付、即时支付和后支付三类。电子支付方式的区别如表 3－1 所示。

表 3-1 电子支付方式的区别

比较项目	预支付	即时支付	后支付
可接收性	低	低	高
匿名性	中	高	低
可兑换性	高	高	高
效率	高	高	低
灵活性	低	低	低
集成度	低	低	高
可靠性	高	高	高
可扩展性	高	高	高
安全性	中	高	中
适用性	中	中	高

二、网上支付

(一) 网上支付概念

网上支付（net payment 或 Internet payment），是指以金融电子化网络为基础，以商用电子化工具和各类交易卡为媒介，通过计算机网络系统特别是 Internet 来实现资金的流通和支付。可以看出，网上支付是在电子支付的基础上发展起来的，它是电子支付的一个最新发展阶段；或者说，网上支付是基于 Internet 并结合电子商务发展的电子支付。

网上支付比现有流行的信用卡、ATM 存取款、POS 支付结算等这些基于专线网络的电子支付方式更新、更先进、更方便，是 21 世纪网络时代支撑电子商务发展的主要支付与结算手段。

（二）网上支付的特点

网上支付有6个特点：①采用数字化的方式完成款项支付结算；②网上支付具有方便、快捷、高效、经济的特性；③网上支付具有轻便性和低成本性；④网上支付与结算具有较高的安全性和一致性；⑤网上支付可以提高开展电子商务的企业资金管理水平，不过也增大了管理的复杂性；⑥银土行提供网上支付结算的支持使客户的满意度与忠诚度均上升。

（三）网上支付的流程

以Internet为基本平台的网上支付，其一般流程可以概括如下。

首先，客户连接Internet，用web浏览器进行商品的浏览、选择与订购，填写网络订单，选择应用的网上支付结算工具，并得到银行的授权使用，如信用卡、电子钱包、电子现金、电子支票或网络银行账号等。

其次，客户对相关订单信息如支付信息进行加密，在网上提交订单。

第三，商家电子商务服务器对客户的订购信息进行检查、确认，并把相关的、经过加密的客户支付信息等转发给支付网关，直至银行专用网络的银行后台业务服务器进行确认，以期从银行等电子货币发行机构验证得到支付资金的授权。

第四，银行验证确认后，通过刚才建立起来的、经由支付网关的加密通信通道，给商家服务器回送确认后通过及支付结算信息，并为进一步的安全客户回送支付授权请求（也可没有）。

第五，银行得到客户传来的进一步授权结算信息后，把资金从客户账号转拨至开展电子商务的商家银行账号上，可以是不同的银行，后台银行与银行借助金融专网进行结算，并分别给商家、客户发送支付结算成功的信息。

第六，商家服务器接收到银行发来的结算成功信息后，给客户发送网络付款成功信息和通知。至此，一次典型的网上支付结算流程就结束了，商家和客户可分别借助网络查询自己的资金余额信息，以进一步核对。

图3－2所示是某电子商务网站网上支付结算流程。

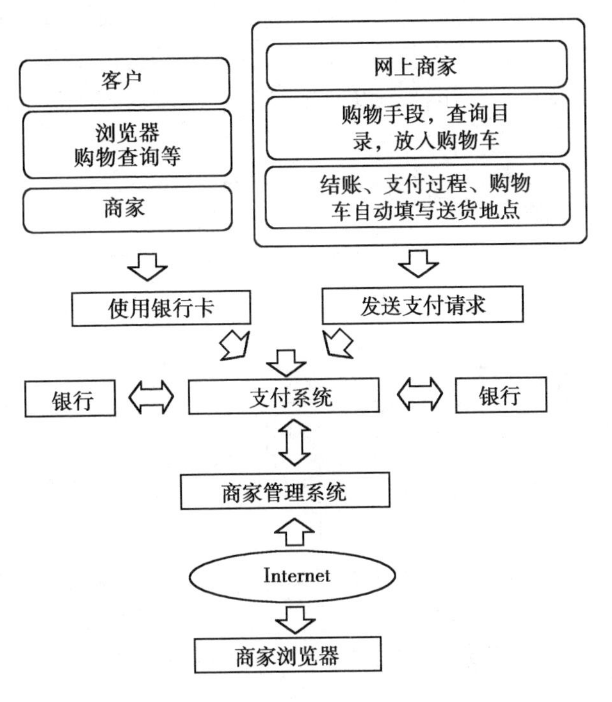

图3－2　某电子商务网站网上支付结算流程

第二节　电子商务支付系统

一、电子商务支付系统的构成

电子商务支付系统是指消费者、商家和金融机构之间使用安全手段交换商品或服务，即把新型支付手段包括电子现金、信用卡、智能卡等支付信息通过网络安全传送到银行或相应的处理机构来实现电子支付，是融购物流程、支付工具、安全技术、认证体系、信用体系以及现代的金融体系为一体的综合大系统。

电子商务常规支付系统的构成见图 3－3。

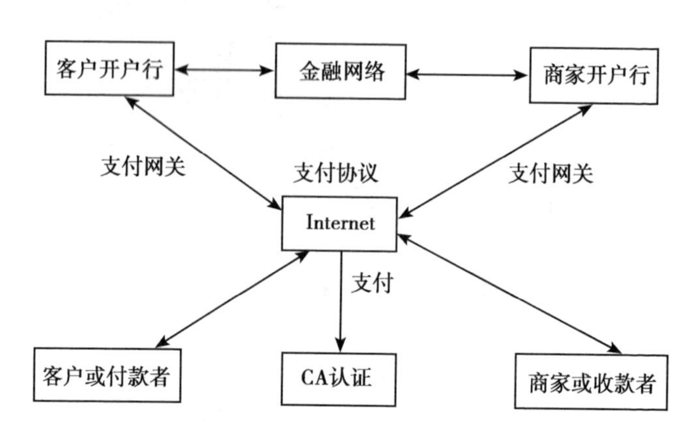

图 3－3　常规电子商务支付系统的构成

二、电子商务支付系统的功能

电子商务支付系统主要有 5 个功能：①使用数字签名和数字证书实现对各方的认证；②使用加密技术对业务进行加密；

③使用消息摘要算法以确认业务的完整性；④当交易双方出现纠纷时，保证对业务的不可否认性；⑤能够处理贸易业务的多边支付问题。

第三节　电子支付工具

电子支付是发生在交易双方的一种新型支付方式，它运用先进的技术使交易过程中涉及的中间机构尽量减少，用硬件把交易中必须涉及的各方以电子化方式联系起来，这样交易信息可以迅速传递而不用烦琐的纸上工作。信息技术的快速发展使得软、硬件不再是困扰交易双方的问题，而且为了更好地运用这一新的支付基础平台，许多非传统的金融工具也作了积极的尝试。除了不同种类的信用卡，还有许多电子支付工具活跃在电子商务领域。本节介绍几种主要的电子支付工具。

一、信用卡

目前，国内网上购物大部分是使用信用卡和借记卡来进行支付的。信用卡和借记卡是银行或金融公司发行的，是授权持卡人在指定的商店或场所进行记账消费的凭证，是一种特殊的金融商品和金融工具。用户通过提供有效的卡号和有效期，商店就可以通过银行计算机网络与顾客进行结算。

信用卡和借记卡都是比较成熟的支付方式，在世界范围内得到广泛的应用。银行卡最大的优点是持卡人可以不用现金，凭卡购买商品和享受服务，其支付款项由发卡银行支付。银行卡支付通常涉及三方，即持卡人、商家和银行。支付过程包括清算和结算，前者指支付指令的传递，后者指与支付相关的资金转移。

目前，信用卡的支付包括无安全措施的信用卡支付、通过第三方代理的信用卡支付、简单加密信用卡支付、SET 信用卡支付等类型。

（一）无安全措施的信用卡支付

无安全措施的信用卡支付流程见图 3－4。

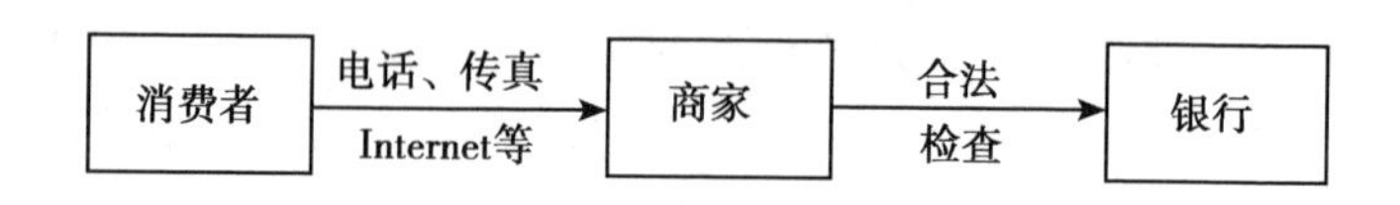

图 3－4　无安全措施的信用卡支付流程

这种支付方法的特点是：①风险主要由商家承受；②消费者信用卡信息被商家掌握；③信用卡信息传递不安全。

（二）通过第三方代理的信用卡支付

通过第三方代理进行的信用卡支付行为在整个支付过程中加入了一个重要的组成——第三方代理机构，这个机构主要起到一个支付监督和中介的作用。其支付流程如图 3－5 所示。

这种支付方法的特点是：①用户需要在第三方代理人处开设账号，可在线或离线；②信用卡信息一般不在开放网络上传递（信用卡验证通过专用网络进行）；③一般通过电子邮件确认用户身份；④支付是通过双方都信任的第三方完成的，商家风险小；⑤成本低，使用灵活，适用于小额交易。

（三）简单加密的信用卡支付

这种支付方法在加入第三方代理机构的基础上又引入了加密机制，进一步保证了电子商务支付的安全性，其支付流程如图 3－6 所示。

这种支付方法的特点是：①用户只需开设普通信用卡账户，

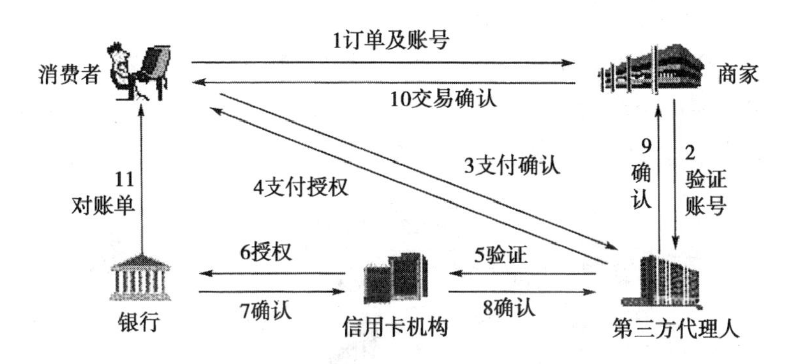

图 3－5 通过第三方代理的信用卡支付流程

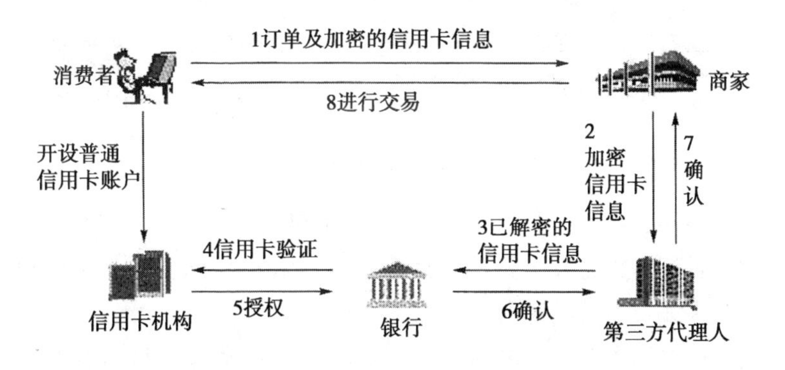

图 3－6 简单加密的信用卡支付过程

且在支付时只需提供信用卡号码，使用方便；信用卡信息虽然在公开网络上传递，但内容已经过对称和不对称加密处理，传递也采用 S－HTTP、SSL 等安全协议。②常要启用身份认证系统，以数字签名确认信息的真实性、完整性和不可否认性。③成本高，因为需要在线的加密、认证、授权及信息的安全传递，故不适用于小额交易。

（四）SET 信用卡支付

SET 信用卡支付是安全系数最高的一种信用卡支付方法，它以 SET 协议为基础进行电子商务支付，体现了支付过程的安全性和高效性，其支付流程如图 3－7 所示。

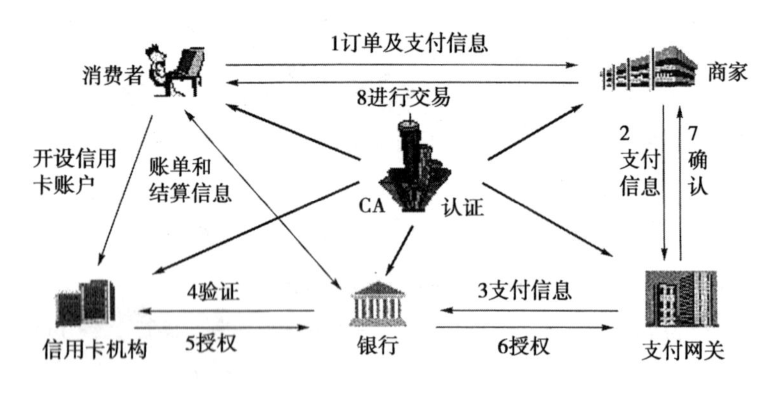

图 3－7 SET 信用卡支付过程

在图 3－7 中可以清楚地看到，在 SET 支付过程中有 5 个参与方：持卡人、发卡机构、商家、银行和支付网关，其中，银行是在线支付的关键所在。

SET 信用卡支付的目标如下：①订单信息和账号信息在互联网上安全传输；②订单信息和账号信息的隔离（即商家只能看到订单信息，而看不到账户信息；信用卡机构只能看到账户信息，却看不到订货信息）；③通过第三方权威机构，为交易各方提供身份认证直至信用担保；④要求遵循相同的协议和报文格式。

二、数字现金

数字现金又称电子现金，是一种以数据形式存在的现金货币，它把对应的现金数值转换成为一系列的加密序列数，通过这些序列数来表示现实中各种金额的币值。

要使用电子现金，用户只需在开展电子现金业务的银行开设账户并在账户内存钱，在用户对应的账户内就生成了具体的数字现金，在承认数字现金的商店购物，从账户划拨数字现金即可。如现在的游戏账户、QQ 账户等都是常见的电子现金。

数字现金表现形式主要有预付卡和纯数字现金两种。通过一个适合于在 Internet 上进行的实时支付系统，把现金数值转换成一系列的加密序列数，通过这些序列数来模拟现实中各种金额的币值。用户只要在开展电子现金业务的银行开设账户并在账户内存钱，就可以在接受电子现金的商店购物了。

数字现金有以下特点：①买方、卖方和银行之间应有协议和授权关系，并使用相同的数字现金软件；②银行在发放数字现金时使用了数字签名（银行的私钥），因而由数字现金本身实现身份验证（买卖双方无法伪造，并可独立验证）；③银行负责对数字现金的核对，以及买卖双方之间的资金转移；④安全支付，银行不会受到欺骗（数字签名），卖方不会遭受拒绝兑现（经银行验证），买方不会泄露隐私（与卖方无关）；⑤数字现金具有现金的特点，可存入、取出、转让，但也可能遗失；⑥数字现金面额可以与现金不同，适合于小额支付。

数字现金的使用步骤见图 3－8。

使用数字现金的具体步骤为：①购买 e-cash；②存储 e-cash；③用 e-cash 购买商品或服务；④资金清算；⑤确认订单。

三、电子钱包

电子钱包是电子商务购物（尤其是小额购物）活动中常用

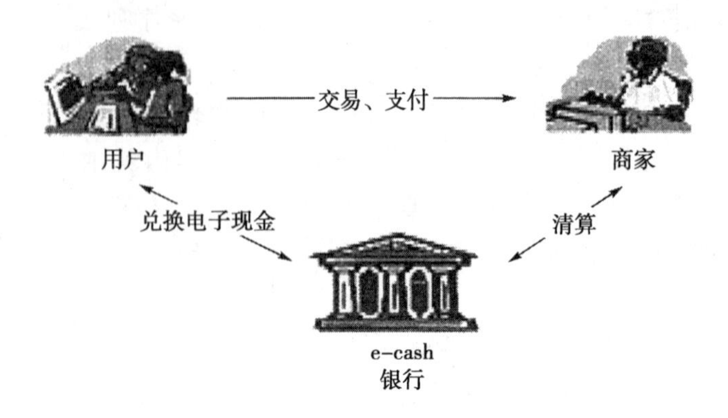

图 3-8　数字现金的使用步骤

的一种支付工具。严格意义上讲，电子钱包只是银行卡或数字现金支付的一种模式，不能作为一种独立的支付方式，因为其本质上依然是银行卡支付或电子现金支付。电子钱包的表现形式有两种：一种是智能卡形式，另一种是电子钱包软件形式，这是电子钱包主要的表现形式。

电子钱包购物付款的过程见图 3-9。

电子钱包购物付款的具体步骤为：①客户和商家达成购销协议并选择用电子钱包支付。②客户选定用电子钱包付款并将电子钱包装入系统，输入保密口令并进行付款。③电子商务服务器进行合法性确认后，在信用卡公司和商业银行之间进行应收款项和账务往来的电子数据交换和结算处理。④商业银行证明电子钱包付款有效并授权后，商家发货并将电子收据发给客户；与此同时，销售商留下整个交易过程中发生往来的财务数据。⑤商家按照客户提供的电子订货单将货物在发送地点交到客户或其指定人手中。

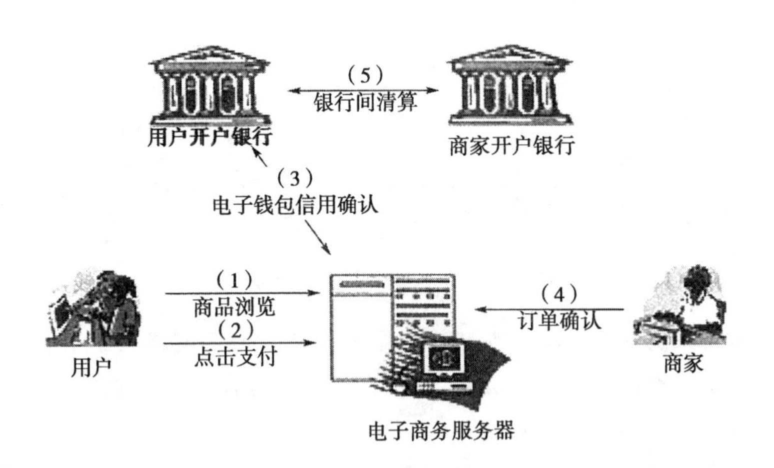

图 3－9　使用电子钱包的购物过程

四、电子支票

电子支票是客户向收款人签发的、无条件的数字化支付指令。电子支票是网络银行常用的一种电子支付工具。电子支票将传统支票改变为带有数字签名的电子报文，或利用其他数字电文代替传统支票的全部信息。利用电子支票，可以使支票的支付业务和支付过程电子化。

网络银行和大多数银行金融机构通过建立电子支票支付系统，在各个银行之间发出和接收电子支票，向用户提供电子支付服务。

作为比较，可以先看看传统支票的支付过程，见图 3－10。

电子支票包含 3 个实体，即为买方、销售方以及金融机构。通常情况下，电子支票的收发双方都需要在银行开有账户，让支票交换后的票款能直接在账户间转移，而电子支票付款系统则提供身份认证、数字签名等，以弥补无法面对面地进行交换

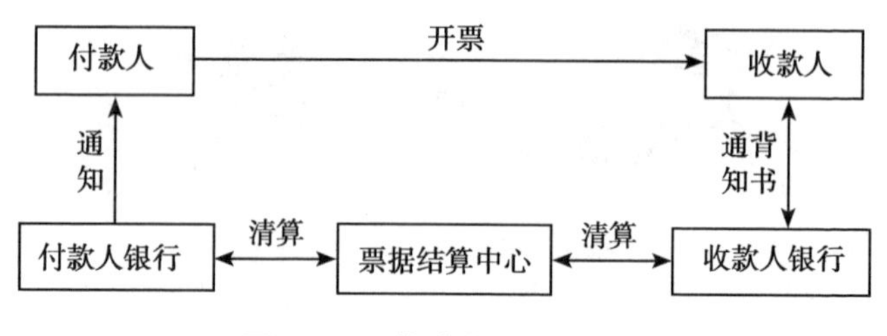

图 3－10　传统支票支付过程

所带来的缺陷。电子支票目前主要是通过专用网络系统进行传输。它有以下 5 个特点：①电子支票应具有银行的数字签名，以便验证和防止伪造。②支付时，买方要以私钥加以数字签名，并以卖方的公钥进行加密。③收到时，卖方先以私钥解密，再以买方公钥验证签名，最后向银行审核。④卖方定期将电子支票存入银行，由银行负责资金转移。⑤适用于各种交易额的支付（主要用于大额支付，比如与 EDI 的结合等）。

使用电子支票的具体步骤为：用户可以在网络上生成一个电子支票，然后通过互联网络将电子支票发向商家的电子信箱，同时把电子付款通知单发到银行。像纸质支票一样，电子支票需要经过数字签名，被支付人数字签名背书，使用数字凭证确认支付者/接收者身份、支付银行以及账户，金融机构就可以根据签过名和认证过的电子支票把款项转入商家的银行账户。电子子支票的交易流程如图 3－11 所示。

五、智能卡

智能卡是一种塑料卡，但它与其他卡的不同之处在于它内部有一块集成电路芯片。一块芯片存储的信息可以达到磁条卡所存信息的 100 倍。这种卡片被称为“智能”并非因为它能存储很多信息，而是因为它能处理这些信息。有些智能卡带有微

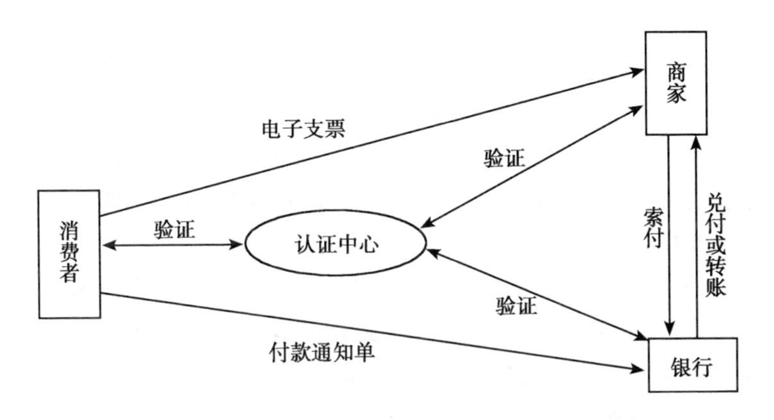

图 3-11　电子支票交易流程

型处理器，可以称得上“智能”，但相对较贵。智能卡其实是没有键盘、显示器和电源的计算机，其他如激光卡、磁条卡等是没有芯片的，只能算半智能卡。

智能卡有两种基本类型：一次性的和可重复使用的。一次性智能卡的价值在于用户可以用它来消费，如现在已很流行的电话卡，但这种卡没有安全保护，所以丢了它就等于丢了现金；相反，可重复使用的智能卡有记忆功能，安全性也很高，这种卡在一块芯片上能够处理多种运用，还可结合密码验证和加密解密技术提供更高的安全性。

如今，智能卡已在世界范围内广泛应用，不管是通常的支付电话费还是更复杂的应用。在欧洲，数以万计的社保卡是智能卡，怀孕的妇女可以通过智能卡观察她们的怀孕期；在法国，智能卡用于交通领域，司机只要将智能卡在一个“小洞”前作验证即可。还有一些智能卡，能够像 e-cash 那样存钱，最多可存 6 种不同货币，这种特性使得一些公司高层管理人员更便捷地作境外游。

智能卡最早是在法国问世的。20 世纪 70 年代中期，法国 Moreno 公司在一张信用卡大小的塑料卡片上安装嵌入式存储器芯片，率先开发成功 IC 存储卡。经过 20 多年的发展，真正意义上的智能卡，即在塑料卡上安装嵌入式微型控制器芯片的 IC 卡，已由摩托罗拉和 Bull HN 公司于 1997 年共同研制成功。

智能卡的结构主要包括 3 个部分：

（1）建立智能卡的程序编制器。程序编制器在智能卡开发过程中使用，它从智能卡布局的层次描述了卡的初始化和个人化创建所有需要的数据。

（2）处理智能卡操作系统的代理。包括智能卡操作系统和智能卡应用程序接口的附属部分。该代理具有极高的可移植性，它可以集成到芯片卡阅读器设备或个人计算机及客户机/服务器系统上。

（3）作为智能卡应用程序接口的代理。该代理是应用程序到智能卡的接口。它有助于对不同智能卡代理进行管理，并且还向应用程序提供了一智能卡类型的独立接口。

由于智能卡内安装了嵌入式微型控制器芯片，因而可储存并处理数据。卡上的价值受用户的个人认识码（PIN）保护，因此只有用户能访问它。多功能的智能卡内嵌入有高性能的 CPU，并配备有独自的基本软件（OS），能够如同个人电脑那样自由地增加和改变功能。这种智能卡还设有“自爆”装置，如果犯罪分子想打开 IC 卡非法获取信息，卡内软件上的内容将立即自动消失。

智能卡系统的工作过程是：首先，在适当的机器上启动用户的因特网浏览器，这里所说的机器可以是 PC 机，也可以是一部终端电话，甚至是付费电话；然后，通过安装在 PC 机上的读卡机，将用户的智能卡登录到为用户服务的银行 web 站点上，智能卡会自动告知银行用户的账号、密码和其他一切加密信息；完成这两步操作后，用户就能够从智能卡中下载现金到厂商的账户上，或从银行账号下载现金存入智能卡。例如，用户想购买一束 20 元的鲜花，当用户在花店选中了满意的花束后，将用户智能卡插入到花店的计算机中，登录到用户的发卡银行，输入密码和花店的账号，片刻之后，花店的银行账号上增加了 20 元，而用户的现金账面上正好减少了这个数。当然，用户买到了一束鲜花。

在电子商务交易中，智能卡的应用类似于实际交易过程。只是用户在自己的计算机上选好商品后，键入智能卡的号码登录到发卡银行，并输入密码和商家的账号，完成整个的支付过程。

第四章　移动商务

第一节　移动商务概述

一、移动商务的含义

移动商务是指通过移动通信网络进行数据传输并且利用移动终端开展各种商业经营活动的一种新电子商务模式。它借助于短信、WAP（GPRS、CDMA、3G）和 RFID 等方式来实现，应用涉及手机银行、移动支付、移动订票、手机电邮、移动搜索等领域。它彻底克服了现代商务在时间、空间上的局限性，与商务主体最为贴近，是一个市场需求很大的综合信息服务领域。

移动商务是商务活动参与主体可以在任何时间、任何地点实时获取和采集商业信息的一类电子商务模式。随着移动通信技术和计算机的发展，移动电子商务的发展已经经历了三代。第一代移动商务系统是以短讯为基础的访问技术，这种技术存在着许多严重的缺陷，其中，最严重的问题是实时性较差，查询请求不会立即得到回答。此外，由于短讯信息长度的限制也使得一些查询无法得到一个完整的答案。这些令用户无法忍受的严重问题也导致了一些早期使用基于短讯的移动商务系统的部门纷纷要求升级和改造现有的系统。

第二代移动商务系统采用基于 WAP 技术的方式，手机主要通过浏览器的方式来访问 WAP 网页，以实现信息的查询，部分地解决了第一代移动访问技术的问题。第二代的移动访问技术的缺陷主要表现在 WAP 网页访问的交互能力极差，因此极大地限制了移动电子商务系统的灵活性和方便性。此外，由于 WAP 使用的加密认证的 WTLS 协议建立的安全通道必须在 WAP 网关上终止，形成安全隐患，所以 WAP 网页访问的安全问题对于安全性要求极为严格的商务系统来说也是一个严重的问题。这些问题也使得第二代技术难以满足用户的要求。

新一代的移动商务系统采用了基于 SOA 架构的 web service、智能移动终端和移动 VPN 技术相结合的第三代移动访问和处理技术，使得系统的安全性和交互能力有了极大的提高。第三代移动商务系统同时融合了 3G 移动技术、智能移动终端、VPN、数据库同步、身份认证及 web service 等多种移动通信、信息处理、网络安全和计算机网络的最新前沿技术，以专网和无线通信技术为依托，为电子商务人员提供一种安全、快速的现代化移动商务办公机制。它采用了先进的自适应结构，可以灵活地适应用户的数据环境，并可以适应于包括移动办公、移动 CRM、移动资产管理、移动新闻采编、移动物流、移动银行、移动销售、移动房地产等所有的商务应用，具有现场零编程、高安全、部署快、使用方便、响应速度快等优点。该系统支持 GPRS、CDMA、EDGE 以及移动、电信和联通的所有 3G 网络。

二、移动商务的特点

与传统商务活动相比，移动商务具有如下几个特点。

（一）更具开放性、包容性

移动商务因为接入方式无线化，使得任何人都更容易进入网络世界，从而使网络范围延伸更广阔、更开放；同时，使网络虚拟功能更带有现实性，因而更具有包容性。

（二）具有无处不在、随时随地的特点

移动商务最大的特点是“自由”和“个性化”。传统电子商务已经使人们感受到了网络所带来的便利和快乐，但它的局限在于它必须有线接入，而移动电子商务则可以弥补传统电子商务的这种缺憾，让人们随时随地结账、订票或者购物，感受独特的商务体验。

（三）潜在用户规模大

中国的移动电话用户已接近13亿，是全球之最。显然，从电脑和移动电话的普及程度来看，移动电话远远超过了电脑。而从消费用户群体来看，手机用户中基本包含了消费能力强的中高端用户，而传统的上网用户中以缺乏支付能力的年轻人为主。由此不难看出，以移动电话为载体的移动电子商务不论在用户规模上，还是在用户消费能力上，都优于传统的电子商务。

（四）能较好确认用户身份

对传统的电子商务而言，用户的消费信用问题一直是影响其发展的一大问题，而移动电子商务在这方面显然拥有一定的优势，这是因为手机号码具有唯一性，手机SIM卡片上存贮的用户信息可以确定一个用户的身份，而随着未来手机实名制的推行，这种身份确认将越来越容易。对于移动商务而言，这就有了信用认证的基础。

（五）定制化服务

由于移动电话具有比PC机更高的可连通性与可定位性，因此移动商务的生产者可以更好地发挥主动性，为不同顾客提供定制化的服务。例如，开展依赖于包含大量活跃客户和潜在客户信息的数据库的个性化短信息服务活动，以及利用无线服务提供商提供的人口统计信息和基于移动用户位置的信息，商家可以通过具有个性化的短信息服务活动进行更有针对性的广告宣传，从而满足客户的需求。

（六）移动电子商务易于推广使用

移动通信所具有的灵活、便捷的特点决定了移动电子商务更适合大众化的个人消费领域，如自动支付系统，包括自动售货机、停车场计时器等；半自动支付系统，包括商店的收银柜机、出租车计费器等；日常费用收缴系统，包括水、电、煤气等费用的收缴等；移动互联网接入支付系统，包括登录商家的WAP站点购物等。

（七）移动电子商务领域更易于技术创新

移动电子商务领域因涉及IT、无线通信、无线接入、软件等技术，并且商务方式更具多元化、复杂化，因而在此领域内很容易产生新的技术。随着中国4G网络的兴起与应用，这些新兴技术将转化成更好的产品或服务。所以，移动电子商务领域将是下一个技术创新的高产地。

三、移动商务的实现技术

（一）无线应用协议（WAP）

WAP是Wireless Application Protocol的缩写，它是由爱立信、摩托罗拉、诺基亚和无线星球公司最早倡导和开发的，它的提出和发展是基于在移动中接入因特网的需要。WAP是开展移动电子商务的核心技术之一，它提供了一套开放、统一的技术平台，用户可以通过移动设备很容易地访问和获取以统一的内容格式表示的因特网或企业内部网信息和各种服务。通过WAP，手机可以随时随地、方便快捷地接入互联网，真正实现不受时间和地域约束的移动电子商务。

（二）移助 IP（mobile IP）

移动IP是由互联网工程任务小组（IETF）在1996年制定的一项开放标准。它的设计目标是能够使移动用户在移动自己位置的同时无须中断正在进行的因特网通信。移动IP现在有两个版本，分别为Mobile IPv4（RFC 3344）和Mobile IPv6（RFC 3775）。目前，广泛使用的仍然是Mobile IPv4。目前，移动IP主要使用3种隧道技术，即IP的IP封装、IP的最小封装和通用路由封装来解决移动节点的移动性问题。

（三）蓝牙（bluetooth）

蓝牙是由爱立信、诺基亚、东芝、IBM和英特尔等公司于1998年5月联合推出的一项短程无线连接标准。该标准旨在取代有线连接，实现数字设备间的无线互联，以便确保大多数常见的计算机和通信设备之间可方便地进行通信。蓝牙作为一种低成本、低功率、小范围的无线通信技术，可以使移动电话、个人电脑、个人数字助理、便携式电脑、打印机及其他计算机设备在短距离内无须线缆即可进行通信。蓝牙支持64kb/s实时话音传输和数据传输，传输距离为10～100m，其组网原则采用主从网络。

（四）无线局域网（WLAN）

WLAN是Wireless Local Area Networks的缩写，它是一种借助无线技术取代以往有线布线方式构成局域网的新手段，可提供传统有线局域网的所有功能，它支持较高的传输速率。它通常利用射频无线电或红外线，借助直接序列扩频（DSSS）或跳频扩频（FHSS）、GMSK、OFDM 和 UWBT 等技术实现固定、半移动及移动的网络终端对因特网网络进行较远距离的高速连接访问。1997 年 6 月，IEEE 推出了 802.11 标准，开创了 WLAN 先河。目前，WLAN 主要有 IEEE802.llx 与 HiperLAN/x 两种系列标准。

（五）通用分组无线业务（GPRS）

GPRS 的英文全称为 General Packet Radio Service，中文含义为通用分组无线服务，是欧洲电信标准化组织（ETSI）在 GSM 系统的基础上制定的一套移动数据通信技术标准。它是利用“包交换”（packet-switched）的概念所发展出的一套无线传输方式。GPRS 是 2.5 代移动通信系统。GPRS 具有数据传输率高、永远在线和仅按数据流量计费的特点，目前得到较广泛的使用。

（六）第三代移动通信技术（3G）

3G 英文全称为 3rd generation，中文含义为第三代数字通信。它是由卫星移动通信网和地面移动通信网组成的，支持高速移动环境，提供语音、数据和多媒体等多种业务的先进移动通信网。国际电联（ITU）原本是要把世界上的所有无线移动通信标准在 2000 年左右统一为全球统一的技术格式。但是，由于各种经济和政治的原因，最终形成了 3 个技术标准，即欧洲的 WCDMA、美国的 CDMA2000 和中国的 TD-SCDMA。TD-SCDMA 是由中国大唐移动通信第一次提出并在无线传输技术（RTT）的基础上与国际合作完成的。其中文含义为时分同步码分多址接入。相对于其他两个标准，TD-SCDMA 具有频谱利用率高、系统容量大、建网成本低和高效支持数据业务等优势。

（七）第四代移动通信技术（4G）

该技术包括 TD-LTE 和 FDD-LTE 两种制式（严格意义上来

讲，LTE 只是 3.9G，尽管被宣传为 4G 无线标准，但它其实并未被 3GPP 认可为国际电信联盟所描述的下一代无线通讯标准 IMT-Advanced，因此，在严格意义上还未达到 4G 的称准。只有升级版的 LTE-Ad-vanced 才满足国际电信联盟对 4G 的要求。4G 是集 3G 与 WLAN 于一体，并能够快速传输数据、高质量音频、视频和图像等。4G 能够以 100Mbps 以上的速度下载，比目前的家用宽带 ADSL（4 兆）快 25 倍，并能够满足几乎所有用户对于无线服务的要求。此外，4G 可以在 DSL 和有线电视调制解调器没有覆盖的地方部署，然后再扩展到整个地区。很明显，4G 有着不可比拟的优越性。

四、移动商务的主要模式

智能终端的普及和网络设施的建设为移动电子商务的快速发展提供了坚实的技术平台基础，推动着移动电子商务向便捷化趋势发展。开展移动电子商务，首先要从技术上保障速度与安全。一方面，移动电子设备的广泛应用为移动电子商务的发展提供了强大动力。与传统 PC 端电子商务相比，移动电子商务方便快捷，约束条件少，弥补了传统电子商务的不足。另一方面，移动电子商务的安全性成为人们注意的热点。在开展移动电子商务过程中，存在着消费者信息泄露等不安全性因素，保障移动电子商务安全成为移动电子商务发展的重要趋势。

移动电子商务的应用不断创新，为移动电子商务的发展提供了完备的应用基础，推动着移动电子商务向企业应用化与产业配套化趋势发展。一方面，企业作为市场经济的主体，逐步认识到移动电子商务在企业经营与管理方面的重要性，利用移动电子商务，建立移动互联网应用平台，扩展企业信息系统的可访问范围，优化企业数据采集和信息传递流程，实现远距离客户关系维护、销售管理及其他日常运行工作，实现由“传统互联网”向“移动互联网”的跨越转变，从而提高业务效率和服务水平。另一方面，移动电子商务产业链整合将不断深入，移动电子商务的合作形式将会从最初的上下游线链状形态逐渐变更为多条产业链为主体、多层次网状协作的较完整的产业链形态，不同的参与主体在产业链中都可找到合适的角色与定位，从而创新移动电子商务模式，实现资源的合理配置与组合。

移动电子商务的发展模式主要有以下几种。

（一）以移动运营商为核心的移动电子商务模式

终端设备制造商的主要职能是开发和推广移动终端设备。设备制造商作为市场上的移动设备制造者，主要采用“设备＋服务”的商业模式，目前市场上以苹果公司的 App Store 为代表。移动通信运营商提供一个高速的网络支撑平台。作为移动电子商务中的主要网络提供者和支撑者，移动通信运营商主要采用“通道＋平台”的商业模式，它控制着移动网络平台，在移动电子商务产业链中处于信息传递的核心地位，为移动应用用户提供方便快捷的网络接入服务，以获取利润，并确保网络交易的信息安全。

（二）以平台提供商为核心的移动电子商务模式

移动电子商务交易平台提供商为商户与用户提供一个商品交易技术平台，主要采用“平台＋服务”的商业模式。平台提供商为移动电子商务商户运营提供多样化的整体解决方案，为用户提供功能完备、内容丰富、灵活方便的应用平台，满足日益快速发展的交易需求。所建平台支持不同的技术标准、行业协议和终端需求，方便不同的用户使用。平台提供商通过分析商家和用户信息，为他们提供个性化的服务。平台提供商通过广告等不同手段，扩大客户基础，吸引更多内容提供商加盟。平台提供商通过吸引内容提供商在平台投放广告来增加利润。

（三）以内容与服务提供商为核心的移动电子商务模式

内容与服务提供商主要通过“内容＋服务”的商业模式来经营。内容提供商是移动电子商务中有关交易的创造者和传播者，是为移动电子商务提供内容和服务的具体执行者，是实现移动电子商务商业价值的根本推动者。它通过提供产品信息、商业图片、版权动画等丰富的移动电子商务资源，直接或通过移动网站向客户提供多种形式的信息内容和服务，从而实现移动电子商务的增值价值。服务提供商是对内容提供商已经开发出来的内容进行二次处理，形成满足客户需求的适合在网络上传送的数据应用，或者将内容开发成为终端客户提供增值服务的应用。

第二节　移动营销概述

一、移动营销的定义

移动营销是指利用手机为主要传播平台，直接向分众目标受众定向和精确地传递个性化即时信息，通过与消费者的信息互动达到市场沟通的目标，移动营销也称作手机互动营销或无线营销。移动营销是在强大的数据库支持下，利用手机通过无线广告把个性化即时信息精确有效地传递给消费者个人，达到“一对一”的互动营销目的。

移动营销是基于定量的市场调研深入地研究目标消费者，全面地制定营销战略，运用和整合多种营销手段，来实现企业产品在市场上的营销目标。移动营销的目的非常简单——增大品牌知名度；收集客户资料数据库；增大客户参加活动或者拜访店面的机会；改进客户信任度和增加企业收入。

目前，虽然移动营销还是一个新的营销渠道，但在未来的10年里会很快地成为商家连接客户的首要途径。这是因为人们已经逐渐熟悉并依赖数字通信方式，这其中也包括手机。数据显示，2014年中国移动互联网市场规模为2 134.8亿元，突破千亿元大关，同比增长115.5%；移动互联网市场保持快速增长，商业环境逐渐成熟；2014年智能手机出货量为3.9亿台，同比增长21.9%；2014年智能手机保有量为1.8亿台，同比增长34.3%，2014年中国网民规模为6.49亿，其中，移动网民5.57亿人，增速11.3%；2014年移动购物市场占整体市场份额为54.3%，增长明显；2014年移动广告市场份额为13.9%，行业整体开始逐步向成熟化发展。

二、开展移动营销的步骤

从理论上说，移动营销可以利用庞大的数据库资源对目标人群进行分众处理，向他们定向、即时地传递个性化信息，并达到与分众目标进行互动的目的。目前，数据库营销已经成为很多大型企业的重要的营销手段，数字挖掘技术、数字搜索技术和数字分类技术越来越被大型企业的营销部门视为重要的营销工具，而移动营销的前提一定是数据库营销。

移动营销是紧紧围绕着数据库展开的，这就要求首先要明确移动营销的目的和分众对象，创建有明确市场目标的数据库，通过对数据库的分析来制定和调整策略，并高效地执行。在这一过程中还可随时新增数据库，使移动营销活动可以持续地展开，从而带动销售。移动营销活动可分为以下3个阶段。

（一）移动营销的数据库采集

移动营销的数据库采集主要是通过吸引用户参加活动来采集目标消费者信息，如通过广告、海报、传单、促销、短信抽奖等活动来引起消费者的注意。数据库是通过收集对企业发出的优惠券等促销手段作出积极反应的客户和销售记录而建立起来的。创建数据模型必须使用收集到的原始数据，并将其转换成数据模型所支持的格式初始化和预处理。

（二）移动营销的数据挖掘

数据挖掘（data mining）是一种新的商业信息处理技术，其主要特点是对商业数据库中的大量业务数据进行抽取、转换、分析和其他模型化处理，从中提取辅助商业决策的关键性数据。数据挖掘技术在企业市场营销中得到了比较普遍的应用，它以市场营销学的市场细分原理为基础，其基本假定是“消费者过去的行为是其今后消费倾向的最好说明”。

移动营销的数据挖掘主要是通过一对一的用户调查进行数据挖掘，如利用打折券或其他优惠活动吸引用户。比如，客户细分就是根据其特征将相似的客户归组到一起，这是了解客户和针对特定客户组进行市场定向所不可缺少的。客户细分可根据许多不同条件而进行，这些条件可由简单的年龄、性别、地理位置或这些变量的组合来构成。当这些条件变得越来越复杂时，数据挖掘技术就应运而生了。

（三）建立移动营销俱乐部

移动营销俱乐部是一种全新的短信客户管理平台，配合现有的销售、运作模式，是企业实现服务差异化、调整市场运作、产品销售达到最佳效果的捷径之一。建立移动营销俱乐部可以更好地对目标消费群进行管理，提高目标客户的品牌忠诚度，随时掌握目标群体的消费心理，动态实时分析消费者的消费行为，对静态数据进行分析补充。

移动营销俱乐部的建立可以让企业和用户互动起来，而手机对于消费者来说是唯一的、对应的，手机具有的区域属性，让企业能够了解用户的分布状况，企业可以有效地将品牌深入人心，将企业市场营销资源与提高销售量、提升品牌知名度紧密结合，从而提升企业的核心竞争力。通过移动营销俱乐部，可以了解消费者的消费心理，维系和壮大企业的产品消费群体，实现企业对外平台的统一，向目标客户群发送市场信息、新产品信息等，从而大幅度降低企业的营销成本和服务成本。

三、移动营销策略

（一）创造“移动”需求

开拓一个新的商业领域，最重要的是创造需求，而创造需求的关键是挖掘客户潜在的需求。对于移动通信用户来说，即时信息是用户使用移动通信设备的主要目的，但同时也有许多亟待开发的潜在需求。

移动游戏的开发使人们有了独自消磨时间的工具，从而满足了人们的需求。从网络游戏的开发情况看，这是一块非常巨大的蛋糕，因为它具有极强的互动性。目前，移动游戏迫切需要解决趣味性和传播性问题。趣味性是指移动游戏的内容必须具有吸引力，能够让用户感兴趣。只有好玩的游戏内容才能抓住用户，才能形成市场。而传播性则要求解决信息在移动网络上的传播速率问题，畅通的网络才能保证用户轻而易举地获得游戏提供的快乐感受。

超前服务管理也是移动电子商务应用的新领域。在这种服务中，服务提供者收集当前及未来一段时间与用户需求相关的信息，并预先发出主动服务的信息。例如，在汽车修理服务中，汽车修理商可以收集用户汽车零件的使用年限和故障等信息，并针对不同情况预先制定相应的服务策略。这样，一方面可以提高汽车修理商的服务质量，另一方面可以降低车主的事故发生率。从技术实现的角度讲，目前可以定期发送短消息，与客户保持联系；以后可以在汽车上装置一个智能传感器，通过它可以获取汽车零件的使用情况，然后利用无线网络将信息发送给汽车修理商。

类似的移动服务还有很多，需要企业和商家不断地思考、调查和发掘。未来的电信服务内容中，将包括大量各种各样的增值业务，它们的收入总和将大大超过基础业务收入。这些潜在的业务，归根结底，需要厂商进行发掘和推广。

（二）突出“移动”特点

移动电子商务有其自身的特点，抓住这些特点才能有效地开展网上交易。移动性是移动电子商务服务的本质特征。无线移动网络及手持设备的使用使移动电子商务具备许多传统电子商务所不具备的“移动”优势，导致很多与位置相关、带有流动性质的服务成为迅速发展的业务。例如，移动金融使得移动设备演变成为一种业务工具。

（三）加强“移动”宣传

从理论上说，移动广告具有与一般网络广告类似的特点，它具有很好的交互性、可测量性和可跟踪特性。同时，移动广告还可以提供特定地理区域的直接的、个性化的广告定向发布。因此，移动广告具有许多新的网络直销方式和创收方式。传统广告是单向的，用户不喜欢观看或收听，可以略过这些信息；

网络广告具有一定的强迫性，跳出广告可以在浏览网页的同时强制性跳出。而移动设备接收信息的形式使得用户不得不阅读任何收到的信息并加以清除。这就为营销人员提供了获得用户注意力的新方法，并且提供了管理客户关系和建立顾客忠诚度的新方法。

（四）开发“小额”项目

从目前情况看，移动电子商务应用主要集中在“小额”项目领域，即支付金额不大的小额购物和服务。这一特点是和移动通信设备的特点相关联的，因为人们在移动过程中很难作出金额较大的购买决策。而利用移动通信设备进行小额物品的购买，决策容易又节省时间，因而成为移动电子商务的首选。

由于消费者需求的特殊性增加，不同消费者在消费结构、时空、品质诸多方面的差异自然会衍生出特殊的、合适的目标市场，这些市场规模较小，但其购买力并不会相对减弱。目标市场特殊性的强化预示着消费者行为的复杂化和消费者的成熟，也为移动电子商务提供了极好的市场机遇。

“小额”项目具有广阔的市场空间。虽然从每笔交易额看，小额购买和服务的金额不大，但这方面的交易数量极大，所带来的利润也比较高。厂商应当对此有所认识。

第三节　典型应用

一、短信营销

（一）发展背景

在通信业迅速发展的今天，中国已经成为全球最大的手机用户市场，手机用户接近13亿。手机持有人群成为社会活动和消费的绝对主流，手机短信已是人们日常生活中获取外部信息的重要通信方式。作为“第五媒体”，手机短信平台以其速度快、效率高、成本低、高精确、受众广等无可比拟的优点备受企业关注。比起传统的广告牌、传单、宣传册等耗费人力物力、见效时缓、范围有限的宣传手段，手机拥有最为庞大的用户群体，群发短信平台能在瞬间完成其他媒体无法做到的大面积辐射效果，高度的传阅率以及储存性使企业的宣传效果大幅度提升。

为更好地维护客户关系，企业可以通过建立短信营销平台，通过短信群发的方式加强与客户之间的沟通和交流，由企业各个市场部收集合作客户关键人员的手机联系方式，由总部定期发送手机短信，短信内容可以涵盖多个方面，如品牌宣传、产品宣传、促销宣传和亲情沟通等内容。随着功能的扩展，技术的日新月异，手机短信群发平台作为新一代的商业营销模式备受广大企业青睐。

（二）特点

短信营销的特点有：①短信覆盖面广，用户群众多，直接面对具有消费能力的群体，互动性强；②发送简单，具有不可回避的信息发布方式，广告抵达率高达100%；③短信发布快速，准确率高；④短信发布成本十分低廉；⑤符合大众生活习惯。

（三）短信营销的优势

（1）提升品牌形象。有针对性的个性化服务，大大提升企业在用户心中的品牌形象。

（2）信息发布窗口。企业产品的移动宣传平台，让企业拥有强有力的移动宣传媒体。

(3) 开拓理想市场。开辟新的商业渠道，让企业产品拥有理想的市场。

(4) 提供多媒体信息。可让商业信息移动化，突破固定网络限制，随时随地被访问。

(5) 互动营销桥梁。有针对性主动照顾客户，随时提供信息咨询和在线服务。

(6) 售后调查高效。及时得到用户反馈，轻松获得第一手市场资料。

(四) 短信的商用给企业营销带来的作用

(1) 市场营销宣传和推广效果（用户认知、宣传）。应用短信群发，面向目标市场大批量、大范围地发送产品宣传短信广告，利用短信广告到达率/浏览率高、费用低廉等宣传特点传播广告信息。

(2) 促进销售的业务跟踪。利用短信平台与客户之间建立一个双向互动的短信息平台，形成持续的业务跟进。

(3) 促销广告传达，促进购买。利用短信进行促销信息发布，扩大宣传。与防伪业务结合，采取设奖的方式引导消费者购买并查询产品，在促进产品销售的同时可有效发现并打击假冒产品。

①发放邀请函。锁定目标群体，发送活动或 Party 邀请函。

②活动通知或节目预告。适合于体育、音乐、赛事相结合的品牌推广。

③产品促销。消费者购买了商品，即可发短信参与抽奖。或参与了活动，即可发短信参加即时抽奖，享受免费铃声下载。此应用特别适合时尚商品、高科技消费类产品和需要在短时间

内全国推广的促销活动。

（4）企业市场调查。借助短信可视性和交互的特点可以实现问卷调查、消费人群调查，使企业能得到第一手的市场信息，制定贴近市场的营销战略。与普通问卷的发放和回收等方式相比，短信方式能有效配置人力资源，具有调查回收率高、便于统计等特点。

（5）企业 CRM 管理。企业拥有自己的会员、内部员工、经销商、合作伙伴或客户体系，通过短信平台向自己的会员或客户宣传自己或进行信息沟通，将广告资源、业务资源和客户服务有机地整合到一起，形成一套流程清晰、高效、易操作的营销方案。

（五）短信营销的行业应用

1. 商场超市

在大型销售企业如商场、超市的日常工作中，存在大量须实时提供给各级区域经理的诸如商品库存、价格调整等业务信息及要向全国数万个会员客户邮寄的促销信息、积分信息、特价信息等。传统的沟通方式耗费大、时效低、成本高。企业短信的使用可缓解供货商的燃眉之急。各级区域经理只需以手机为终端设备，在无线方式下随时随地与企业的 ERP 系统和 CRM 系统保持联系并进行数据信息的交换，从而提高销售系统和客服系统的反应力。同时，企业短信还可用于客户管理、促销、通知、反馈等活动，增进与客户的交流。目前，企业短信在零售行业内部已得到越来越广的应用。

2. 保险公司

对于保险公司来说，保户放心满意至关重要。要做好保户的服务工作，首要环节就是保险公司和用户间需要频繁有效地沟通，让保户时刻感受到保险公司的关心和关怀，这样的服务才能赢得更多的保户，才能在竞争激烈的保险行业中占据优势。针对保险行业的特点，企业短信可在内部信息发送、业务管理、资料查询、客户服务等方面发挥巨大作用，如向保户发送保单到期续签通知、生日及节日祝福等信息等，这将极大地方便最终客户和保险公司的沟通，提高保险公司的服务效率，缩短和保户间的距离，确保在服务方面占有先机。

3. 教育类短信

繁忙的工作和生活常常使一些家长不能及时获知孩子在学校的日常学习情况，如测验成绩、兴趣爱好、近期状态、综合表现等，进而错失对子女进行引导教育的第一时间。为了及时便捷地了解孩子在学校的日常情况并配合老师对孩子进行必要的引导，由移动公司和学校共同搭建的教育短信平台解决了这一难题，教育短信成为老师和家长之间沟通的桥梁。

4. 政务短信

政务短信的应用可以增加政策的透明度，让老百姓充分了解政务信息和政务活动，同时也树立政府良好的公众形象。对内，工作人员只需携带手机并将其保持在开机状态就可以随时接收到部门或者是上级的重要信息，不用担心由于信号不好或不方便接听电话而错过重要信息。对外，向社会公布统一的短信平台，可以采集更多来自社会的关于部门工作的意见和建议，既免去了接听电话的繁琐，又保证了信息的互动，对于提高职能部门的社会公信力大有帮助。作为一种新型的信息传递手段，政务短信在社会应急事件和突发危机的处理过程中也发挥了至关重要的作用。如在广西梧州藤县太平镇洪水灾害中，正是政务短信帮助政府平息了谣言，让数万惊恐的居民安心地回到了家园。

二、无线广告

无线广告是网络广告的一种新型的发展趋势，它是针对手机用户的一种网络营销形式。

（一）发展的原因

由于广告主投入的变化和产业自身的演变，移动广告平台进入发展的黄金期，移动应用的普及极大推动移动广告平台的发展。移动广告平台通过将广告 SDK 插件内置于手机应用程序来实现广告的海量投放及管理，同时使开发者用户流量变现，最终形成一个由广告主、手机广告代理商、移动运营商、手机终端厂商和手机用户构成的手机广告产业链。

艾媒咨询（iiMedia Research）发布的《2013—2014 年中国移动广告平台行业观察报告》显示，2013 年中国移动广告平台市场整体规模为 25.9 亿元，同比增长 144.3%，2014 年达到 50.1 亿元。预计中国移动广告平台未来增长将趋于平稳，到 2018 年的市场规模有望达到 227.1 亿元。

（二）无线广告的形式

1. 推送式

建立在手机用户许可、定制的前提下，无需其访问无线广告，直接将广告以短信、彩信发到手机用户中。用户可通过接收到内容获取广告信息，亦可接收短信中的广告链接连接上无线网站上的广告内容页面。

2. 拉入式

以无线网站为传播媒体，将广告以文字、图片、动画、视频形式放置在网站，用户主动点击后进入广告页面，从而获取广告信息。

以中国当今无线广告的发展来看，推送式比拉入式更具有针对性，会成为最具有发展潜力的广告形式。早在2005年10月，中国移动就提出了“手机报”的概念，它是传统报业资源与移动通信技术结合，将平面报纸的资讯内容复制（或经过精简再编辑后），通过彩信、WAP、短信等技术手段发送到读者手机终端的一种新型无线广告形式。

而对于拉入式的这种强制性广告则会使网民心里厌烦。网民天然地并不喜欢广告，尤其是当他们没有购买欲望的时候；而网站天然地希望多发广告，让更多的人接受广告，尤其是广告占其收入比重较大时，这就是一对矛盾。因此，网站总是在不断试探着网民对广告的容忍程度。

（三）无线广告的主要特点

无线广告主要有3个特点：①随时性：手机终端是一个24小时最贴近受众的平台，受众可以随时随地接收到广告信息。②精确性：针对不同地区、不同人群、不同工作找到适合产品的客户投放广告，既节省广告的投放费用，又会有较高的转换率。③再传播性：由于具有可将内容保存、转发的性能，可降低广告的千人成本，达到深度推销的作用。

（四）无线广告的缺陷

无线广告的缺陷主要表现在以下两个方面：①技术不完善，人们认知比较缺乏。②服务质量不能为人们所接受。

综上所述，尽管无线广告还存在着许多服务质量问题，但研究表明，无限数据服务的顾客满意度在持续上升，无线营销时代即将到来。

三、微营销

（一）微营销的概念

微营销是一种低成本、高性价比的营销手段。与传统营销方式相比，“微营销”主张通过“虚拟”与“现实”的互动，建立一个涉及研发、产品、渠道、市场、品牌传播、促销、客户关系等更“轻”、更高效的营销全链条，整合各类营销资源，达到以小博大、以轻博重的营销效果。微营销是以移动互联网为主要沟通平台，配合传统网络媒体和大众媒体，通过有策略、可管理、持续性的线上线下沟通，建立和转化、强化顾客关系，实现客户价值的一系列过程。

对于传统的广告营销而言，传递的都是咨讯，需要让用户不停地接受咨讯而产生心理变化，从而在消费中接受产品。而微营销更讲究用户参与，从开始阶段的参与，它更加强调“潜移默化”“细节入微”和“精妙设计”。微营销的核心手段是客户关系管理，是一种通过客户关系管理实现路人变客户、客户变伙伴的过程。

（二）微营销的模式

“微”（micro）这个字已经渗透到我们的生活之中，从一开始的“微博”“微信”到最近炙手可热的“微电影”，无不依靠着一种“微”力量，在无形中延伸出一种新的商业模式，甚至可以称之为新的“微营销”商业模式。

1. 微博营销

微博营销是由微博诞生后产生的一种网络营销模式。它通过微博作为营销的平台，每一个粉丝或者听众都是潜在的营销对象，企业利用自己旗下的微型博客对网友进行的企业信息、产品信息等的宣传，树立企业和产品的良好形象。通过微博每天在网络上与网友进行互动、交流或者发布大众感兴趣的话题来达到宣传企业的目的。

对于微博营销而言，它最显著特征就是传播迅速。一条热度高的微博在各种互联网平台上发出后，通过粉丝形式进行病毒式传播同时加上名人效应，能使事件传播呈几何级放大，短时间内转发就可以抵达微博世界的每一个角落。并且由于微博无需严格的审批，从而节约了大量的时间和成本。这就是微博营销模式的特点：便捷性、高速性、广泛性和高效率等。

目前，微博营销主要通过新浪微博和腾讯微博以及搜狐微博等微型博客平台进行营销宣传。

2. 微电影营销

微电影营销是一种新颖、创新的商业广告营销模式。它是网络视频和网络电影的一种延伸、突破和发展。微电影广告相对于传统的视频广告和电影植入广告而言，它是一次突破，是在网络视频和网络电影的基础上进行创新和延伸。

微电影广告之所以受到极大追捧，一方面是微电影广告传播效果与长期的经济效益，还有更重要的是其成本比较低，而且制作周期比较短。并且由于微电影广告播放时间短，投入较少的物力与人力，所以，导演与制作团队便会投入更多的精力，以求在最短的时间内，展现给受众最美好的一面。所以，一般微电影营销都具有低成本、短周期、制作精良、目标明确、受众群体广泛等优势。

目前，微电影的热门播放平台有优酷网、土豆网等著名网络视频播放平台。

3. 微信营销

微信营销是伴随着微信的火热而产生的一种网络营销方式，

是网络经济时代企业对营销模式的创新。微信不存在距离的限制，用户注册微信后，可与周围同样注册的“朋友”形成一种联系，用户订阅自己所需的信息，商家通过提供用户需要的信息，推广自己的产品，从而实现点对点的营销。

由于微信拥有庞大的用户群，借助移动终端、天然的社交和位置定位等优势，每个信息都是可以推送的，能够让每个个体都有机会接收到这个信息，继而帮助商家实现点对点精准化营销。微信点对点的产品形态注定了其能够通过互动的形式将普通关系发展成强关系，从而产生更大的价值。通过互动的形式与用户建立联系，互动就是聊天，可以解答疑惑、可以讲故事甚至可以“卖萌”，用一切形式让企业与消费者形成朋友的关系，你不会相信陌生人，但是会信任你的“朋友”。这就是微信营销的特别优势：精准营销和关系营销。

第五章　电子商务安全

第一节　电子商务的安全隐患

无论是传统商务还是电子商务，交易的安全都是极为重要的。

利用网上论坛、电子公告板、电子邮件、手机短信、在线聊天工具、电子出版物传播有害信息、进行非法活动的现象普遍存在，严重干扰和威胁了人们的正常生活。而且，利用互联网传播虚假和有害信息手段层出不穷，对信息安全构成了一个严峻挑战。

根据美国联邦调查局（Federal Bureau of Investigation，FBI）调查，美国每年因网络信息安全造成的损失超过170亿美元。

另据中国公安部的资料，在中国利用网络进行的违法行为以每年30%的速度递增，并逐渐波及社会各个部门，其中，商业、金融、门户网站和网管中心是受攻击的重点对象。

由于网络本身开放性、共享性的特点，加上自然的、人为的等多种因素，电子商务面临的安全威胁是复杂多样的。本节主要介绍电子商务安全存在的几种隐患。

一、黑客攻击

根据国际数据公司（IDC）最近的一次调查，72%的受访企业指出曾经遭遇过网络安全入侵的意外事件，网络病毒袭击和黑客入侵成了企业最为头痛的安全问题。

网络攻击分主动攻击和被动攻击两种。

网络攻击主要来自黑客（Hacker），其攻击手段主要如下。

（一）中断

攻击系统的可用性。破坏网络系统资源，使系统无法正常工作，如割断线路、破坏硬件和软件系统等。

（二）窃听

攻击系统的机密性。窃听网络通信信息、非法复制网络数据文件。如通过搭线与电磁泄漏等手段造成泄密，或对业务比特流进行分析，获取有用情报。

（三）篡改

攻击系统的完整性。通过非法访问恶意修改网络信息资源，如篡改通信数据内容，改变消息次序、时间（延时和重放）等。

（四）伪造

攻击系统的真实性。假冒合法人员，将伪造的虚假消息输入网络系统、否认消息的接入和发送等。如向系统发出伪造报文、向网络数据库添加虚假记录。

二、系统本身的隐患

（一）物理安全隐患

主要指计算机场地、系统的设备、线路等实体由于人为或自然因素引起的安全问题。

（二）软件的漏洞和“后门”

由于软件越来越大而复杂，在开发过程中难免留下某些缺陷和错误，另外，有些编程人员为了测试或维护的方便常常给软件设置“后门”，这些潜在的漏洞和“后门”就给实际的应用安全带来各种隐患。

（三）网络协议的安全漏洞

TCP/IP 是互联网采用的一个标准协议组，由于它是开放式的协议，数据以明文传输，容易受到非法窃取和欺诈。实践证明，Telnet、FTP、HTTP 等协议都存在一定的安全漏洞。

三、管理不善

即使系统的软硬件万无一失，但如果管理不善，也会危机四伏。比如因口令、权限设置不当被侵入破坏；因不符合操作规范造成系统“崩溃”等。好的管理往往能最大限度地降低系统“崩溃”的可能性，有时甚至能够弥补系统自身的不足。因此，要彻底消除安全隐患，还得不断加强安全技术与制度教育，实现规范管理。

第二节 电子商务的安全要素

在电子商务活动中，安全问题引起人们广泛关注，个人隐私、资金账号、交易数据、商业秘密等都需要得到有效保护。一个成功的电子商务系统必须具备高安全性、高可靠性和高可用性的特点，这样才能符合用户的安全需求。经过分析总结，电子商务的安全控制要素主要包括以下方面。

一、交易者身份的认证性

认证性是指交易双方在进行交易前应能识别和确认对方的

身份。参与网上交易的双方往往素不相识甚至远隔万里，因此确认对方的身份和信用程度是实现电子交易的首要前提。一般情况下，身份的认证工作由专门的认证机构（如金融机构或认证中心等）来完成，只有获得合法授权的用户才能进入电子商务系统。

二、信息的保密性

信息的保密性是指对交换的信息进行加密保护，使其在传输过程或存储过程中不被他人所识别。交易中的商务信息涉及个人、企业、甚至国家的机密，一旦被非法窃取就可能造成重大损失。与交易有关信息的保密是实现电子商务安全的基本前提。

三、信息的完整性

信息的完整性指确保信息在传输过程中的一致性，并且不被未经授权者所篡改，也称不可修改性。在信息的传输过程中，产生数据丢失、乱码等现象将导致交易双方收发的信息不同，影响商务信息的完整性。另外，由于网络非法攻击，即使是加密过的信息也可能被意外地或恶意地修改或破坏。可见，信息的完整性同样是电子商务中的一个重要的安全需求。

四、交易的不可否认性

交易的不可否认性是指交易双方在网上交易过程的每个环节都不可否认其所发送和收到的交易信息，又称不可抵赖性。具体包括源点不可抵赖、接收不可抵赖和回执不可抵赖 3 种情况。保证交易过程中的不可抵赖性也是电子商务安全需求的重要方面，否则就会引起纠纷，使电子商务活动无法正常进行。

第三节 电子商务系统安全常用的方法

电子商务安全是信息安全的上层应用，它包括的技术范围比较广，主要分为网络安全技术、加密技术和信息认证技术等。

一、防火墙技术

网络安全是电子商务安全的基础，一个完整的电子商务系统应建立在安全的网络基础设施之上。网络安全技术非常多，如防火墙技术、虚拟专用网（VPN）技术、各种反黑客技术和漏洞检测技术等。其中，最重要的就是防火墙技术，如图5-1所示。

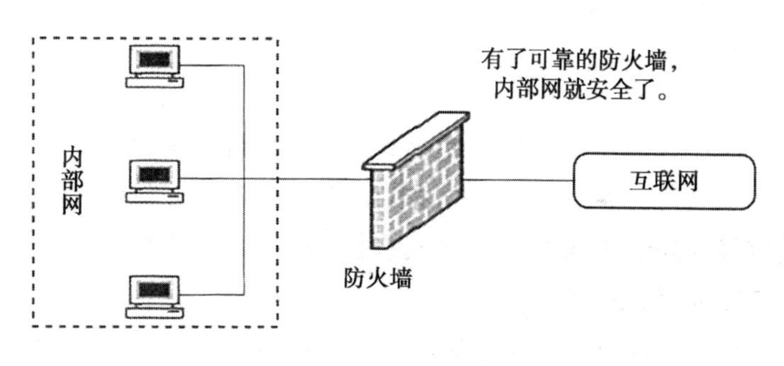

图5-1 防火墙

（一）什么是防火墙

防火墙（Firewall）是一种包含硬件和软件的安全隔离系统，一般用它在内部网（Intranet）和互联网之间建立起一个安全保护层，拒绝不明网络的接通和非法用户的侵入。

在逻辑上，防火墙是一个分离器和一个限制器，同时也是一个分析器，能有效地监控内部网和互联网之间的任何活动，从而保证内部网络的安全。

（二）防火墙的功能

防火墙的基本功能主要有：①数据过滤；②身份识别；③安全审计和报警；④支持网络地址转换（NAT）；⑤代理服务。随着防火墙技术的进步，它的功能也变得更为强大和丰富。

（三）防火墙的类型

防火墙有多种形式，有以软件形式运行在计算机中的，也有以硬件形式设置在网络设备中的。

防火墙的主要类型有以下几种。

1. 封包过滤

利用路由器提供的封包过滤功能来保护内部网。包过滤路由器审查每一个数据包的源地址、目的地址、协议状态（TCP、UDP 或 ICMP 等 KTCP/UDP 目标端口号、ICMP 的消息类型等字段）来确定是拒绝还是允许数据包通过。由于这种防火墙的设置简单易行，因此大部分的路由器都有此项功能。但它的缺点是容易受到诸如 IP 欺骗等方式的非法攻击。

2. 应用层网关

也叫代理服务器，它从逻辑上将跨越防火墙的网络分为两段，这样，外部网不能与内部网直接连接，而只能访问代理服务器，由代理服务器提供各种应用代理服务（如 Telnet、FTP）。它工作在应用层上，其功能是通过在应用层网关上安装代理软件（Proxy）来实现。每个代理模块分别对应不同的应用。如 Telnet Proxy 负责 Telnet 在防火墙上的转发，HTTP Proxy 负责 WWW，FTP Proxy 负责 FTP 等。相比之下，只有这种网关起到了真正隔离内外网络的作用，安全性最好，但价格也最贵。

3. 电路层网关

电路层网关在内部网和外部网之间建立起一个 TCP 连接，对数据包只起转发作用，没有附加的包处理和过滤。它就像电线一样，只是在内部连接和外部连接之间来回复制字节。从外部看似乎一切连接源于防火墙，从而隐藏了受保护子网的信息。电路层网关单独使用的情况较少，一般是将保全主机设置成混合网关，对于向内连接可使用应用层网关或代理服务器，而向外连接使用电路层网关。这样使得防火墙既能方便内部用户，又能保证内部网络免于外部的攻击。

二、加密技术

加密技术用来保证信息在传输过程中不被非法窃取、识别，解决了电子商务中信息保密性、完整性的安全需求。所谓“加密”，就是采用某种算法将原始数据（明文）改得面目全非，以乱码（密文）的形式保存或传送，只有合法接收者才能读懂密文；而“解密”就是将密文重新恢复成明文。现代密码学根据加密密钥和解密密钥是否相同，将加密技术分为两种：对称加密法和非对称加密法。

（一）加密与解密

密码技术分为“加密技术”和“解密技术”两部分。加密技术是保证电子商务安全的重要手段，许多密码算法现已成为网络安全和商务信息安全的基础。那么，什么是密码呢？简单地说，它是明文经过加密算法（使用密钥）运算的结果。实际上，密码就是含有一个参数 k 的数学变换，即：

$C = E_k(m)$

其中，m 是明文（未加密的信息），C 是密文（加密后的信息)，E_k 是含有参数 k 的加密变换，参数 k 称为密钥。

密钥 k 只能由通信双方掌握，加密算法可以公开。密钥一般由双方约定，通过秘密信道传输。在公共信道上传送的是密文，而不是明文，这样，即使有人窃取了密文 C，由于不知道相应的密钥与解密，也就无法解读密文并还原出明文？从而保证了信息在传输中的安全。

加密技术保证了信息在传输过程中不被非法窃取、识别，解决了电子商务中信息保密性、完整性的安全需求。

(二) 对称加密

1. 概念

对称加密也叫单钥加密或私钥加密，就是加密和解密使用的是同一个密钥。所谓对称，就是采用这种加密方法的双方使用同样的密钥进行加密和解密。密钥是控制加密及解密过程的指令。算法是一组规则，规定如何进行加密和解密。

2. 典型算法（DES）

数据加密标准 DES（Data Encryption Standard）由 IBM 于 1975 年研制成功。美国国家标准局于 1977 年 1 月 15 日正式公布该算法作为美国数据加密标准，即 FIPS－46，6 月后开始生效。每隔五年，美国国家保密局（NSA）对其重新作出评估，以确定它是否继续作为联邦加密标准。1997 年美国国家标准技术研究所（NIST）开始征集新的数据加密标准 AES，准备替代 DES。

3. 工作原理

如图 5－2 所示，在对称加密中，数据发送方将明文（原始数据）和加密密钥一起经过特殊加密算法处理后，使其变成复杂的加密密文发送出去。接收方收到密文后，若想解读原文，则需要使用加密密钥及相同算法的逆算法对密文进行解密，才能使其恢复成可读明文。在对称加密算法中，使用的密钥只有一个，发收信双方都使用这个密钥对数据进行加密和解密。

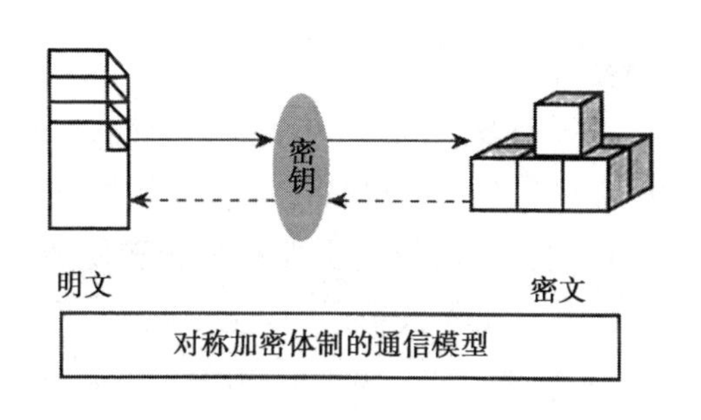

图 5－2　对称加密原理

4. 特点

对称密码体制用的加密、解密密钥是一样的，只有通信双方才能知道这个密钥，这就给密钥的传送和保管带来麻烦，甚至造成泄露，而且当用户多的时候，问题将更为严重。如网上有 n 个用户，彼此之间通信需要 C（n，2）＝n（n－1）/2 个密钥，当 n＝1 000 时，C＝499 500，可见如此数量庞大的密钥管理，困难可想而知。另外，如果没有权威机构的介入，对称加密难以解决签名验证问题，无法鉴别贸易发起方或贸易最终方。

（三）非对称加密

1. 概念

非对称加密指对信息加密和解密分别使用不同的密钥，即需要一对密钥：公开密钥（public key）和私有密钥（private key）。用其中任何一个密钥对信息加密都可用另一个密钥对其解密。公开密钥与私有密钥是一对，如果用公开密钥对数据进行加密，只有用对应的私有密钥才能解密；如果用私有密钥对数据进行加密，那么只有用对应的公开密钥才能解密。因为加密和解密使用的是两个不同的密钥，所以这种算法叫作非对称加密算法。

2. 典型算法（RSA）

1976 年，美国学者 Diffie 和 Heilman 在其著名的文章《密码学新方向》中提出了公钥的思想。目前，学者们已经提出了许多种公钥密码体制，它们的安全性都是基于复杂的数学难题。其中最典型的应用是 RSA 公钥密码体制。1978 年，美国麻省理工学院的三位学者 Rivest、Shamir 和 Adlerman 提出了著名的 RSA 算法，其理论基础是一种特殊的可逆模指数运算，即大整数的因子分解。

3. 工作原理

如图 5－3 所示，数据发送方与接收方之间使用非对称加密的方式完成了重要信息的安全传输。其工作原理是：

首先，接收方生成一对密钥（公钥和私钥）并将公钥向其他方公开。

其次，得到该公钥的发送方使用该密钥对机密信息进行加密后再发送给接收方。

再次，接收方再用自己保存的另一把专用密钥（私钥）对加密后的信息进行解密。接收方只能用其专用密钥（私钥）解密由对应的公钥加密后的信息。

在传输过程中，即使攻击者截获了传输的密文，并得到了接收的公钥，也无法破解密文，因为只有接收方的私钥才能解密密文。

同样，如果接收方要回复加密信息给发送方，那么需要发送方先公布自己的公钥给接收方用于加密，发送方自己保存的私钥用于解密。

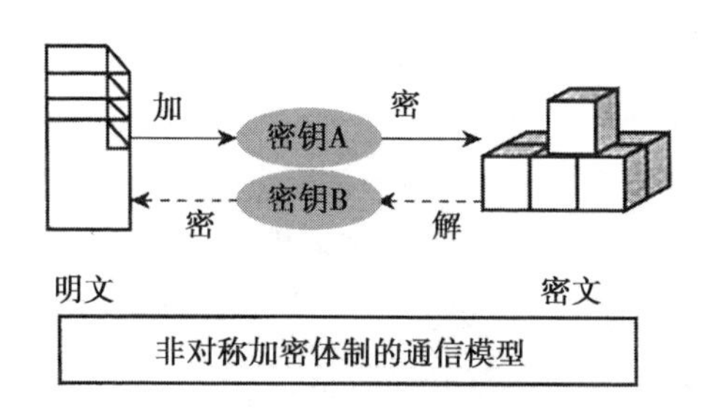

图 5－3　非对称加密原理

4. 特点

公钥加密体制使用两个不同的密钥，一个对外公开；另一个是保密的。公开密钥可以放在网上黄页等地方供任何用户获取；而私有密钥由是用户专用的，可以用它对加密信息进行解密。实际上，每个用户只要保管好自己的私钥就行了。所以，公钥算法最大的优点是密钥分配简单、密钥保存量少，而且网络越复杂、网络用户越多，其优点越明显。另外，利用公钥加密可以完成数字签名和数字鉴别。但公钥算法涉及高次幂运算，运行速度较慢，硬件实现时，RSA 比 DES 慢约 1 000 倍；软件实现时，RSA 比 DES 慢约 100 倍。

三、认证技术

认证技术是电子商务安全技术的一个重要方面，它解决了交易中信息的不可否认性、信息的完整性和身份认证等问题，能有效防范网上交易存在的篡改、伪造、抵赖等威胁，使电子商务活动公平、公正、可靠地进行。

一般来说，信息认证技术主要包括数字签名与验证、数字证书、数字时间戳和认证中心等。这些技术都与加密技术有关，都是加密技术的具体应用。

（一）数字签名

1. 基本概念

数字签名与书面文件签名有相同之处，采用数字签名也能确认以下两点：①信息是由签名者发送的；②信息自签发后到收到为止未曾作过任何修改。

为实现数字签名，首先需要介绍数字摘要技术。数字摘要（Digital Digest），或叫数字指纹（Digital Finger Print）。它采用的是安全 Hash 编码法则（SHA：Secure Hash Algorithm），由 Ron Rivest 设计。

形成数字摘要的过程是：将明文用公开的单向散列函数运算产生生成一串 128bit 的密文，这一串密文就是数字摘要，它有固定的长度，且不同的明文形成的摘要总是不同的，而同样的明文其摘要必定一致。这样，这串摘要便可成为验证明文是否是“真身”的“指纹”了。

Hash 签名是最主要的数字签名方法，它将数字签名与要发送的信息绑在一块传送，增加了可信度和安全性，所以更适合于电子商务活动。

2. 工作原理

如图 5－4 所示，发送报文时，发送方用一个哈希函数从报文文本中生成报文摘要，然后用自己的私人密钥对这个摘要进行加密，这个加密后的摘要将作为报文的数字签名和报文一起发送给接收方，接收方首先用与发送方一样的哈希函数从接收到的原始报文中计算出报文摘要，接着再用发送方的公用密钥来对报文附加的数字签名进行解密，如果这两个摘要相同，那么接收方就能确认该数字签名是发送方的。

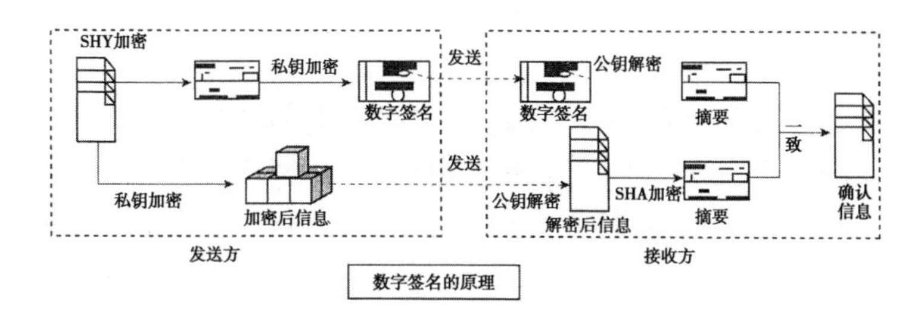

图 5－4　数字签名

数字签名有两种功效。一是能确定消息确实是由发送方签名并发出来的，因为别人假冒不了发送方的签名。二是数字签名能确定消息的完整性。因为数字签名的特点是它代表了文件的特征，文件如果发生改变，数字摘要的值也将发生变化。不同的文件将得到不同的数字摘要。一次数字签名涉及一个哈希函数、发送者的公钥和私钥。

（二）数字信封

1. 基本概念

数字信封的功能类似于普通信封，普通信封在法律的保护下只有收信人才能阅读信的内容；数字信封则采用密码技术来保证只有规定的接收人才能阅读信息的内容。它采用了对称密码技术和公钥密码技术。

2. 工作原理

具体实现过程：

（1）当发送方需要发送信息时，首先随机生成一个对称密钥，并用它来加密准备发送的报文。

（2）发送方利用接收方的公钥加密这个对密钥；被公钥加密后的对称密码被称之为数字信封。

（3）发送方将经第一步和第二步加密后的报文和对称密钥一块传给接收方。

（4）接收方使用自己的私钥解密被加密的对称密钥。

（5）接收方用得到的对称密钥对报文解密，还原出明文。

在传递信息时，接收方要解密信息时，必须先用自己的私钥解密数字信封，得到对称密码，才能利用对称密码解密所得到的信息。这样就保证了数据传输的真实性和完整性。

数字信封技术结合了对称加密技术和公钥加密技术的优点，可克服对称加密中密钥分发困难和公钥加密中加密时间长的问题，使用两个层次的加密来获得公钥技术的灵活性和对称密钥技术的高效性，保证了信息的安全性。

（三）数字时间戳

1. 基本概念

传统的商务文件中，签署的日期如同签名一样，是十分重要的防止文件被伪造和篡改的关键性内容。在电子商务中，交易的日期和时间同样是非常重要的信息，于是专门为电子文件签署时间提供安全保护的数字时间戳服务（DTS：Digital Time-stamp Service）就应运而生。数字时间戳是由专门的机构提供的电子商务安全服务项目之一，实际上它是基于数字签名技术上的一个应用。时间戳（Time-stamp）是一个经加密后形成的凭证文档，它包括 3 部分内容：①加时间戳的文件的摘要（digest）；② DTS 收到文件的日期和时间；③ DTS 的数字签名。

2. 工作原理

时间戳产生的一般过程是：

用户首先将需要加时间戳的文件用 Hash 编码加密形成摘要，然后将该摘要发送到 DTS，DTS 在加入了收到文件摘要的日期和时间信息后再对该文件加密（数字签名），然后送回用户。

值得注意的是，书面签署文件的时间是由签署人自己写上的，而数字时间截则不然，它是由 DTS 权威机构来产生的，因此，时间戳也可作为科学家的科学发明文献的时间认证。

（四）数字证书

数字证书（Digital Certicate，Digital ID）又称数字凭证或数字标识，即用电子手段来证实一个用户的身份和对网络资源的访问权限。在网上的电子交易中，如双方出示了各自的数字证书，并凭它来进行交易操作，那么交易双方都可不必为对方身份的真伪担心。

1. 数字证书特点

（1）安全性。为了避免传统数字证书方案中，由于使用不当造成的证书丢失等安全隐患，支付宝创造性地推出双证书解决方案：支付宝会员在申请数字证书时，将同时获得两张证书，一张用于验证支付宝账户，另一张用于验证会员当前所使用的计算机；第二张证书不能备份，会员必须为每一台计算机重新申请一张。这样即使会员的数字证书被他人非法窃取，仍可保证其账户不会受到损失。支付盾是一个类似于 U 盘的实体安全工具，它内置的微型智能卡处理器能阻挡各种风险，让您的账户始终处于安全环境下。目前，为保证电子邮件安全性所使用的方式是数字证书。

（2）唯一性。支付宝数字证书根据用户身份给予相应的网络资源访问权限；申请使用数字证书后，如果在其他电脑登录支付宝账户，没有导入数字证书备份的情况下，只能查询账户，不能进行任何操作，这样就相当于您拥有了类似“钥匙”一样的数字凭证，增强账户使用安全。

（3）方便性。即时申请、即时开通、即时使用，量身定制多种途径维护数字证书，例如通过短信，安全问题等，不需要使用者掌握任何数字证书相关知识，也能轻松掌握。

2. 数字证书类型

（1）个人证书（Personal Digital ID）。它仅仅为某一个用户提供凭证，以帮助其个人在网上进行安全交易操作。个人身份的数字凭证通常是安装在客户端的浏览器内的，并通过安全的电子邮件（S/MIME）来进行交易操作。

（2）企业（服务器）证书（ServerID）。它通常为网上的某个 Web 服务器提供凭证，拥有 Web 服务器的企业就可以用具有凭证的万维网站点（WebSite）来进行安全电子交易。有凭证的 Web 服务器会自动地将其与客户端 Web 浏览器通信的信息加密。有些企业数字证书是发给支付网关、银行等特殊机构的。

（3）软件（开发者）证书（DeveloperID）。它通常为互联网中被下载的软件提供凭证，该凭证用于和微软公司 Authenticode 技术（合法化软件）结合的软件，以使用户在下载软件时能获得所需的信息。上述三类凭证中前两类是常用的凭证，第三类则用于较特殊的场合，大部分认证中心提供前两类凭证，能提供各类凭证的认证中心并不普遍。

3. 数字证书格式

数字凭证的内部格式是由 CCITTX. 509 国际标准所规定的，它包含了以下几点。

版本：X. 509 证书格式的版本。

序号：用来识别证书的唯一编号。

算法：认证中心用来签发这份证书的公钥算法。

发证者：核发此证的认证中心。

发证者识别码：发证者的识别代码。

使用者：拥有此证书公钥的使用者。

使用者识别码：用来识别个别使用者的识别码。

公钥信息：与使用者对应的公钥与其公钥算法的名称。

有效日期：证书有效日期，包括起始日期和结束日期。

其中，核心的信息是使用者与公钥信息，也就是说，一个数字证书能够表明使用者，同时让别人获得自己的公钥，这样他人就不能轻易假冒和欺骗了。这个公钥就是用在网上交易的。如果交易时对对方的数字证书表示怀疑，可以通过发证机关进行验证，这就对交易的安全性提供了很好的保证。

4. 数字证书作用。

（1）信息的保密性。交易中的商务信息均有保密的要求。如信用卡的账号和用户名被人知悉，就可能被盗用，订货和付款的信息被竞争对手获悉，就可能丧失商机。因此在电子商务的信息传播中一般均有加密的要求。

（2）交易者身份的确定性。网上交易的双方很可能素昧平生，相隔千里。要使交易成功首先要能确认对方的身份，对商家要考虑客户端不能是骗子，而客户也会担心网上的商店不是一个玩弄欺诈的黑店。因此能方便而可靠地确认对方身份是交易的前提。对于为顾客或用户开展服务的银行、信用卡公司和销售商店，为了做到安全、保密、可靠地开展服务活动，都要进行身份认证的工作。对有关的销售商店来说，他们对顾客所用的信用卡的号码是不知道的，商店只能把信用卡的确认工作完全交给银行来完成。银行和信用卡公司可以采用各种保密与识别方法，确认顾客的身份是否合法，同时还要防止发生拒付款问题以及确认订货和订货收据信息等。

（3）不可否认性。由于商情千变万化，交易一旦达成是不能被否认的。否则必然会损害一方的利益。例如，订购黄金，订货时金价较低，但收到订单后，金价上涨了，若收单方否认收到订单的实际时间，甚至否认收到订单的事实，则订货方就会蒙受损失。因此，电子交易通信过程的各个环节都必须是不可否认的。

（4）不可修改性。交易的文件是不可被修改的，如上例所举的订购黄金。供货单位在收到订单后，发现金价大幅上涨了，如其能改动文件内容，将订购数1吨改为1克，则可大幅受益，那么订货单位可能就会因此而蒙受损失。因此，电子交易文件也要能做到不可修改，以保障交易的严肃和公正。

（五）认证中心

为了确保互联网上电子交易及支付的安全，防范交易及支付过程中的欺诈行为，除了采用更强的加密算法等措施以保证信息在传输过程中的安全之外，还必须在网上建立一种信任机制，使交易各方能够鉴别对方的身份，这种可被验证的网上身份标识，即数字证书。但是数字证书（Digital ID）的签发，不能靠交易的双方自己来完成，而需要有一个权威的、可信赖的和公正的第三方来完成，这就是认证中心（Certificate Authority，CA）。

认证中心（CA）就是承担网上安全电子交易认证服务，能签发数字证书，并能确认用户身份的服务机构。认证中心通常是企业性的服务机构，主要任务是受理数字凭证的申请、签发及对数字凭证的管理。认证中心依据认证操作规定来实施服务操作。在电子商务的交易过程中，交易双方是通过出示由某个CA签发的证书来证明自己的身份。通过CA认证中心所签发证书来确定对方身份是建立在对CA认证中心的信任基础之上。如果对签发证书的CA本身不信任，那么这样的身份确认方式就没有任何实际意义。因此，对 CA 认证中心也存在一个验证的问题，需要一种体制来确保 CA 中心本身的真实可靠。因此，可以对 CA 中心进行身份验证，这样的认证是通过层次认证方式进行的，依此类推，一直到公认的权威 CA 处，就可确信证书的有效性。SET 证书正是通过信任层次来逐级验证的。

图 5－5 就展示了这样的一个验证结构。每一个证书与数字化签发证书的实体的签名证书关联。沿着信任树一直到一个公认的信任组织，就可以确认证书的有效性。例如，C 的证书是由名称为 B 的 CA 签发的，而 B 的证书又是由名称为 A 的 CA 签发的，而 B 的证书又是由名称为 A 的 CA 签发的，A 是权威机构，通常称为根（ROOT）CA。验证到了 Root CA 处，就可以确信 C 的证书是合法的。

1. 认证中心功能

CA 中心采用国际通用的公钥基础设施（PKI）技术、X. 509 证书标准和 X. 500 信息发布标准，为电子商务环境中各个用户颁发数字证书，以证明各用户身份的真实性，同时负责对交易双方的监督和管理，维持网上交易秩序，在电子商务安全体系中占有的十分重要的地位。

在网上交易中，认证中心的基本功能是：①接收并验证用户的数字证书的登记申请，批准后即颁发数字证书，同时将用户申请内容备案和保管公开密钥；②在使用中对数字证书和数字签名的验证；③数字征书的日常管理，包括证书的更新、查询、作废和归档等；④支持安全支付网关和有关协议。

2. 我国的认证中心

为了建立和完善我国电子商务安全体系，1996 年，中国电信首次委托北京邮电科研院新业务中心进行 CA 系统的研发。迄今为止，全国已建有中国金融认证中心（CFCA）、中国电信安

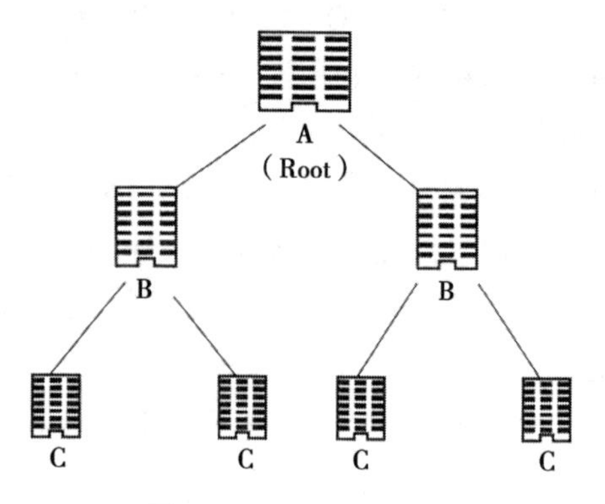

图5-5　认证中心体系

全认证系统（CTCA）、北京数字认证中心（BJCA）、上海市电子商务安全证书管理中心（SHECA）等数十家专业第三方认证机构。

第四节　电子商务安全协议

电子商务安全协议涉及面很广，主要有安全协议（IPSec）、安全的超文本传输协议（S-HTTP）、安全的套接层（SSL）、安全的电子交易协议（SET）、传输层的安全（TLS）、安全网管协议等，本节重点介绍以下几种。

一、安全协议（IPSec）

IP安全（Internet Protocol Security，IPSec）协议套件由一套标准组成，用于在IP层上提供保密性的认证服务。由互联网工程任务小组（IETF）的IP安全协议（IPSEC）工作组制定。IP安全架构的基础部分：安全协议（AH、ESP）；认证及加密算法；密钥管理（IKE）；安全关联。当前认可的IPSec标准包括4

个与算法无关的基本规范：RFC2401，IP 安全体系结构；RFC2402，认证头 AH；RFC2406，封装安全有效载荷 ESP；RFC2408，互联网安全关联和密钥管理协议（ISAKMP）。

IPSec 可以提供的安全服务包括访问控制、无连接完整性、数据源认证、拒绝重放包（一种部分序列完整性的形式）、保密性（加密）和有限的流量保密性。因为这些服务都是在 IP 层提供的，所以，它们可以被任何更高层协议使用。这些 RFC 广泛用于互联网通信的安全管理。

二、安全的超文本传输协议（S-HTTP）

安全超文本传输协议（Secure HyperText Transport Protocol，S-HTTP）是一种安全的面向消息的通信协议，用于保护使用 HTTP 协议的消息的安全，由互联网工程任务小组（IETF）制定。其原始文档是 RFC2660。S-HTTP 是对 HTTP 的补充，为来源事务处理机密性、真实性、完整性和不可否认，提供了独立可用的安全服务。消息的保护可以通过签名、认证和加密来实现。S-HTTP 可以使用户在没用公共密钥的情况下同祥进行私人的安全处理。同时，它支持端对端的安全处理，用 S-HTTP，敏感的数据永远不需要在未加密的情况下在网络上传送。S-HTTP客户可以与支持非 HTTP 的服务器通信。S-HTTP 可以使用“消息认证码（M AC）”的计算来验证消息完整性和发送者的真实性。大多数互联网工具现在都支持 S-HTTP。

三、安全的套接层协议（SSL）

安全套接层 SSL（Secure Socket Layer）是由 Netscape Communication 公司设计开发的一种开放协议。它规定了一种在应用程序协议（如 HTTP、FTP、Telnet 等）和 TCP/IP 之间提供数据安全性分层的机制，目的是为了解决 Web 上信息传送的安全问题。

具体来说，就是在使用 Web 浏览器时进行数据加密、保证信息完整性、服务器认证和客户机认证，以保证支持 SSL 协议的客户机和服务器在互联网上通信的安全。它主要包含 3 个内容：握手协议；记录协议；警告协议。

如图 5－6 所示，显示了 SSL 在互联网各层协议中的位置。

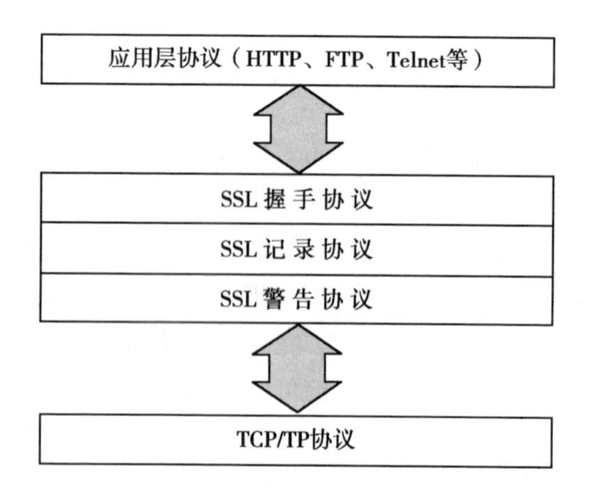

图 5－6　SSL 协议

四、安全的电子交易协议（SET）

安全电子交易 SET（Secure Electronic Transaction）是一种网上多方信用卡付款机制，由 Visa 和 MasterCard 信用卡公司联合研制，后来得到 IBM、Microsoft、HP 等大公司的支持而成为一个工业标准并逐步推广，其交易形态将成为未来电子商务的规范。

它的目标是针对多方参与电子商务的情况保证信用卡的支

付安全。除了保证信息传输安全外，更重要的是要保证交易者身份的合法性，一般这一认证工作可由第三方认证机构来完成。在交易过程中，客户和商家都要相互出示由认证中心签发的数字证书以验明身份。实际上，SET 要求参与电子商务的各方，如持卡客户、商家、银行与支付网关等，都要经过认证机构进行认证。

（一）SET 协议的组成

SET 支付系统主要由持卡人（Card Holder）、商家（Merchant）、发卡行（Issuing Bank）、收单行（Acquiring Bank）、支付网关（Payment Gateway）、认证中心（Certificate Authority）6 个部分组成。对应地，基于 SET 协议的网上购物系统至少包括电子钱包软件、商家软件、支付网关软件和签发证书软件。

（二）工作流程

（1）消费者利用自己的 PC 机通过互联网选定所要购买的物品，并在计算机上输入订货单，订货单上需包括在线商店、购买物品名称及数量、交货时间及地点等相关信息。

（2）通过电子商务服务器与有关在线商店联系，在线商店作出应答，告诉消费者所填订货单的货物单价、应付款数、交货方式等信息是否准确，是否有变化。

（3）消费者选择付款方式，确认订单签发付款指令。此时 SET 开始介入。

（4）在 SET 中，消费者必须对订单和付款指令进行数字签名，同时利用双重签名技术保证商家看不到消费者的账号信息。

（5）在线商店接受订单后，向消费者所在银行请求支付认可。信息通过支付网关到收单银行，再到电子货币发行公司确认。批准交易后，返回确认信息给在线商店。

（6）在线商店发送订单确认信息给消费者。消费者端软件可记录交易日志，以备将来查询。

（7）在线商店发送货物或提供服务并通知收单银行将钱从消费者的账号转移到商店账号，或通知发卡银行请求支付。在认证操作和支付操作中间一般会有一个时间间隔，例如，在每天的下班前请求银行结一天的账。

前两步与 SET 无关，从第三步开始 SET 起作用，一直到第六步，在处理过程中通信协议、请求信息的格式、数据类型的定义等 SET 都有明确的规定。在操作的每一步，消费者、在线商店、支付网关都通过 CA（认证中心）来验证通信主体的身份，以确保通信的对方不是冒名顶替，所以，也可以简单地认为 SET 规格充分发挥了认证中心的作用，以维护在任何开放网络上的电子商务参与者所提供信息的真实性和保密性。

第五节　电子商务安全管理制度

网络与电子商务环境日渐复杂，相关的安全管理制度问题也变得越来越重要。俗话说“防患于未然”，为了保障电子商务的安全，不仅需要各种安全技术手段的支持，还得有完善的管理制度相配套。新技术的采用和新规章制度的建立，对于企业电子商务走向成功都是同等重要的。

所谓电子商务安全管理制度，就是用文字形式对企业内部人员和电子商务各个方面的安全要求作出相应的规定，它是企业内部工作人员在电子商务日常运作过程中安全工作的准则和规范。

一、人事制度

（一）人才选拔制度

要尽量选拔责任心强、业务水平高、安全意识好的人从事电子商务工作。对于技术服务人员，除了要具备相关专业知识和技能外，还要吃苦耐劳、遵纪守法；从事网络营销的人员，一方面必须具有市场营销的知识和经验，另一方面又必须具有相应的计算机网络知识和操作技能。

（二）岗位责任制

分工要明确，安全责任落实到位。不管是技术人员还是网络营销人员，都要严格遵守企业电子商务的各项安全制度和操作规范，如技术人员要保管好技术资料不外泄、营销人员要严守商业机密等。

（三）重要岗位用人制度

企业在人员管理中涉及电子商务重要职务的必须特殊对待，可以参考以下用人原则。

（1）稳定性原则。为了保证企业电子商务长期顺利地进行，一些重要岗位，如系统管理员，一般来说要求具有一定的稳定性，不能过于频繁地更换，做到“用人不疑，疑人不用”。

（2）双人负责原则。对于重要业务不要只安排一个人单独管理，而实行两人或多人相互制约的人员管理制度。这样万一出了问题，就不会“牵一发而动全身”。

（3）任期有限原则。即不许任何人长期担任与电子商务交易安全有关的重要职务。这种“用人、疑人、换人”的做法正好与稳定性原则相反。

（4）最小权限原则。明确规定只有系统管理员才可进行物理访问和用户管理，只有网络维护人员才可进行软件安装工作，只有业务主管才能进行最后交易处理。

二、日常安全管理运营制度

（一）物理维护安全制度

主要包括场地、设备、线路管理的安全细则。例如，场地安全可加强防水防火防雷工作；设备管理要注意建立档案、实时监控、检查、维修、分析处理、故障恢复等环节；线路安全要考虑结构化布线、无旁路和干扰等。

（二）用户权限管理制度

为了网络安全和便于统一集中管理，要严格按用户级别赋予权限，并对各级用户的使用权限定期进行检查。日常要加强对人网用户身份的检查，严格执行口令保密制度。主要管理内容有网络账号、账号权限、有效时间、访问控制等。

（三）病毒防范制度

网络黑客不孔不入，病毒袭击屡见不鲜。搭建在网络平台上的电子商务系统同样面临这个令人头痛的安全隐患。显然，建立病毒防范制度是十分必要的。主要可规定以下几项防范内容：设立病毒防火墙；定期和不定期的查杀毒工作；软件打补丁和升级等。

（四）跟踪、审计制度

为防止“病毒袭击”和防范可能发生的意外与风险，应建立软硬件跟踪审计制度。跟踪制度要求企业建立网络交易系统日志机制，对系统硬件与软件的运行状况进行实时的跟踪记录，自动生成系统日志文件，主要内容有操作日期、操作方式、登录次数、运行时间、交易内容等。

审计制度是对系统日志作出的一系列规定，包括对日志的日常检查、审核，以便及时发现对系统故意入侵行为和违反系统安全功能的记录，监控和捕捉各种安全事件，保存、维护和管理系统日志。

（五）备份应急制度

俗话说“未雨绸缪”，对于关键部位的设备要严密监视，并且要有备用设备；重要软件和数据要及时备份。一旦发生突发灾难性事件可利用备用设备与资料迅速恢复系统，最大限度地减少损失。应急制度应包含以下主要内容：预先制订应急计划、组织落实、应急手段、后备资源和技术支持。应急处理六个阶段：准备、甄别、隔离、根除、恢复、分析总结。

三、保密制度

为了保证信息存储和传送的安全所作出的各项规定。信息的安全级别可分为秘密级、机密级和绝密级三个级别。一般来说，企业可根据自身情况对相关信息进行风险评估，划分安全级别，确定安全防范重点。例如，企业概况、产品目录和价格、客户订货信息可作为秘密级信息，可在网站登录时设置用户名和密码进行保护；企业的日常运作情况、系统操作指南和客户名单等可划为机密级信息，不在网上公开发布，只限于企业管理层和其他特殊人员使用；企业的经营计划、财务状况、成交价格、交易合同等信息可列为绝密级加以保护，相关网址和密码应受企业高层人员与特殊人员的严格控制。

信息安全主要靠加密技术实现，那么密钥管理就成为重中之重。密钥管理要具有全程性和变化性。全程性指密钥的生成、保管、传送和作废要有全过程的监督与管理；变化性是指为防止密钥泄露而定期或不定期地更换密钥。

四、内部人员审计制度

由于电子商务技术涉及面广，技术性强，企业实施电子商务需要聘请或培训专门的技术人员和管理人员。一般情况下，这些特殊人员掌握着企业电子商务的关键技术和重要信息，他们的忠诚度和个人信用度将左右企业电子商务的命运。那么，如何建立一个有效的内部约束机制就成为企业高层领导的一项重要工作。所以企业不仅要完善人事制度、知人善用，还应尽快地在内部审计部门培养出一批精通电子商务应用（尤其是网络计算机方面）的审计能手，定期不定期地对电子商务系统管理及技术人员进行跟踪审计。

第六章　电子商务物流

第一节　物流的产生与分类

物流最原始、最根本的含义是物的实体运动。可以说，物流与人类的物质生活和生产共生共长，源远流长。当人类社会出现商品生产活动之后，生产和消费逐渐分离，于是诞生了流通这一连接生产和消费的中间环节。随着工业文明的兴起，社会生产规模和消费规模逐渐扩大，产需分离越大，分工越彻底，就越需要流通来弥合其间的差距。这就促使流通的迅速发展，并在这一发展过程中成长壮大起来。

一、物流的产生与发展

（一）物流历史简述

物流早期是在西方市场学理论中产生的，指销售过程中的物流。1915 年，美国学者阿奇·萧（Arch W. Shaw）在《市场流通中的若干问题》中首次提出了“实物分配”（Physical Distribution，PD）的概念。第二次世界大战期间，美国军队为了改善战争中的物资供应状况，研究和建立了军事后勤学（logistics）理论，并在战争活动中加以实践和应用。第二次世界大战后，这套理论和方法被理论界和企业界所认同并广泛运用，其内涵得到了进一步推广，涵盖了整个生产和流通过程。

20世纪50年代末，PD理论被引入日本，1965年，日本在政府文件中正式采用“物的流通”这个术语，简称“物流”，包括包装、装卸、保管、库存管理、流通加工、运输和配送等诸多活动。在物流理论的指导下，物流技术成为日本政府关心和研究的重点，加强道路建设，实现运输手段的大型化、高速化、专业化，大力发展物流中心、配送中心和物流基地，提高货物的处理能力和商品供应效率，极大促进了日本经济的快速发展。

中国在20世纪70年代末开始实行改革开放的基本国策，其后，从日本引入并接受了“物流”的概念。其实，我国古语中的“兵马未动，粮草先行”体现的就是一种物流的思想，在引入“物流”概念前，我国传统的储运业进行的运输、保管、包装、装卸、流通加工等多种活动实质上都与物流相关。

（二）物流的概念定义

“物流”一词诞生至今，由于物流理论与实践的不断发展，物流的相关概念与内涵也在不断变化，人们对物流的理解仍存在差异，并未形成统一的认识，世界不同国家和地区的研究机构、管理组织等对物流提出了一些有代表性的定义。

1. 美国物流管理协会的定义

1984年，该协会将现代物流定义为“为满足客户需求而实施的原材料、半成品、产成品以及相关信息从发生地向消费地流动的过程，以及为使保管能有效、低成本地进行而开展的计划、实施和控制行为”。这个定义强调顾客满意度、物流活动的效率，将物流从原来的销售物流扩展到了调配、销售物流等。

后来，该协会又将以上定义修改为“为了符合顾客的必要条件所发生的从生产地到销售地的物质、服务及信息的流动过程，以及为使保管能有效、低成本地进行而从事的计划、实施和控制行为”，这个定义强调了“物质”和“服务”，表明物流活动是从商品使用、废弃到回收的整个循环过程。

2. 日本对于物流的定义

物流是指为了满足客户需要，以最低的成本，通过运输、保管、配送等方式，实现原材料、半成品、成品及相关信息由商品的产地到商品的消费地所进行的计划、实施和管理的全过程。

3. 中国对于物流的定义

中国于2006年发布的国家标准《物流术语》中对物流的定义是：物品从供应地到接收地的实体流动过程，根据实际需要，将运输、储存、装卸、搬运、包装、流通加工、配送、信息处理等基本功能实施有机结合。

以上定义尽管在表述上存在差异，但有几个要素是共同的。物流包括运输、存货、流通加工、配送、仓储、包装、物料搬运及其他相关活动，但更重要的是效率和效益，物流的最终目的是满足客户的需求以及企业的盈利目标。

二、物流的功能及特点

（一）现代物流的功能

现代物流的功能包括物流的基本功能和物流的增值功能。

1. 物流的基本功能

（1）包装功能。包装功能是为了维持产品状态、方便储运、促进销售，采用适当的材料、容器，使用一定的技术方法，对物品包封并予以适当的装潢和标志的操作活动。包装是生产的终点，同时又是物流的起点，它在很大程度上制约物流系统的运行状况，因此，包装在物流系统中具有十分重要的作用。

包装大体可划分为两类，一类是工业包装，或称运输包装、大包装，此类包装要便于运输、装卸、保管和保质保量。工业发达的国家往往在产品设计阶段就考虑包装的合理性，装卸和运输的便利性、效率性等；另一类是商业包装，或称销售包装，此类包装的目的主要是促进销售，以此有利于宣传，吸引消费者购买。

（2）装卸搬运功能。装卸搬运功能是指在同一地域范围进行的，以改变物品的存放状态和空间位置为主要内容和目的的活动。它是物流各个作业环节连接成一体的接口，是运输、保管、包装等物流作业得以顺利实现的根本保证。因此，装卸搬运的合理化，对缩短生产周期、降低生产过程的物流费用、加快物流速度、降低物流费用等多个方面都有着重要作用。

（3）运输功能。运输功能是借助运输工具，通过一定的线路，实现货物的空间移动，克服生产和需要的空间分离，创造空间效用的活动。运输是物流各环节中最主要的部分，是物流的关键，而且运输费用是影响物流费用的一项主要因素。开展合理运输对提高物流的经济效益和社会效益起着重要作用。

运输的方式多种多样，主要包括公路运输、铁路运输、船舶运输、航空运输、管道运输等。

（4）储存保管功能。储存又称储备，有以备再用的性质，是指在社会再生产过程中，离开直接生产过程或消费过程而处于暂时停滞状态的那一部分物品。储存是生产社会化、专业化不断提高的必然结果，既存在于流通领域，又存在于生产领域和消费领域。

保管是储存的继续，是保护储存物品的价值和使用价值不受损害的过程。主要任务是防止外部环境对储存物品的侵害，保持物品性能完好。物品的储存是保管的前提，只要有物品储存，就需要进行保管。

（5）流通加工功能。流通加工功能是在流通过程中，根据客户的要求和物流的需要，改变或部分改变商品形态的一种生产性加工活动。流通加工是产品从生产到消费之间的一种增值活动，是流通中的一种特殊形式，它可以节约材料、提高成品率、保证供货质量、提高物流效率，更好地为用户服务。

（6）配送功能。配送是指在经济合理范围内，根据客户要求对物品进行运送、加工、包装、分割、组配等作业，并按时送达指定地点的物流活动。

从物流角度来说，配送几乎包括了所有物流功能要素，是物流的一个缩影或在较小范围内物流全部活动的体现。一般的配送集装卸、包装、保管、运输于一体，通过一系列活动完成将物品送达客户的目的，特殊的配送则还要以加工活动为支撑，所以，配送包括的内容十分广泛。

（7）信息功能。物品从生产到消费过程中的运输数量和品种、库存数量和品种，装卸质量和速度，包装形态和破损率等都是影响物流活动质量和效率的信息。没有各物流环节信息的通畅和及时供给，就没有物流活动的时间效率和管理效率，也就失去了物流的整体效率。所以，物流信息功能是物流活动顺畅进行的保障，也是物流活动取得高效率的前提。

2. 物流的增值功能。

物流增值服务主要包括增加便利性的服务、加快反应速度的服务、降低成本的服务和延伸服务等。

（二）现代物流的主要特点

1. 反应快速化

物流服务提供者对上游、下游的物流、配送需求的反应速度越来越快，前置时间越来越短，配送间隔越来越短，物流配送速度越来越快，商品周转次数越来越多。

2. 功能集成化

现代物流着重于将物流与供应链的其他环节进行集成，包括物流渠道与商流渠道的集成、物流渠道之间的集成、物流功能的集成、物流环节与制造环节的集成等。

3. 服务系列化

除了传统的储运、包装、流通加工等服务外，现代物流服务在外延上向上扩展至市场调查与预测、采购及订单处理，向下延伸至配送、物流咨询、物流方案的选择与规划、库存控制策略建议、货款回收与结算、教育培训等增值服务。

4. 作业规范化

现代物流强调功能、作业流程、动作的标准化与程式化，使复杂的作业变成了简单的易于推广与考核的动作。物流自动化可以方便物流信息的实时采集与追踪，以提高整个物流系统的管理和监控水平。

5. 目标系统化

现代物流从系统的角度统筹规划一个公司整体的各种物流活动，处理好物流活动与商流活动及公司目标之间、物流活动与物流活动之间的关系，不求单个活动的最优化，但求整体活动的最优化。

6. 手段现代化

现代物流用先进的技术、设备与管理为销售提供服务，生产、流通、销售规模越大、范围越广，物流技术、设备及管理越现代化。计算机技术、通信技术、机电一体化技术、语音识别技术等得到普遍应用。

7. 组织网络化

现代物流要有完善、健全的物流网络体系，才能保证整个物流网络有最优的库存总水平及库存分布，运输与配送快速、机动，既能铺开又能收拢，形成快速灵活的供应渠道。

8. 经营市场化

现代物流的具体经营采用市场机制，物流的社会化、专业化已经占到主流，即使是非社会化、非专业化的物流组织也都实行严格的经济核算。

9. 信息电子化

计算机信息技术的应用使现代物流过程的可见性明显增加，由此加强了供应商、物流商、批发商、零售商在组织物流过程中的协调和配合以及对物流过程的控制。

10. 管理智能化

现代物流管理已经逐渐由手工作业发展到半自动化、自动化、智能化。智能化是自动化的继续和提升，如果说自动化过程中包含更多的机械化成分，那么智能化过程中则包含着更多的电子化成分。

（三）现代物流的作用

现代物流在国民经济中占有重要的地位。从社会再生产过程来看，它不仅支撑着人类社会的生产，也支撑着消费，并与商品交易特别是有形商品的交易活动息息相关。物流成本和效率的高低直接影响着其他经济活动的成本与效率。物流的作用主要表现在以下几个方面：①物流是国民经济的动脉系统；②物流是保障生产过程不断进行的前提；③物流是保证商流顺畅进行的基础；④物流技术的发展和广泛应用是推动产业结构调整和优化的重要因素；⑤物流是实现“以顾客为中心”理念的根本保证。

三、物流的分类

在不同领域中，物流的对象、目的、范围和范畴存在差异，因而形成了不同的物流类型，常见的物流分类有以下几种。

（一）按物流涉及的领域分类

（1）宏观物流。又称社会物流，是指社会再生产总体的物流活动，是从社会再生产总体的角度来认识和研究物流活动，主要特点是综观性和全局性。宏观物流主要研究社会再生产过程物流活动的运行规律及物流活动的总体行为。

（2）微观物流。又称企业物流，指消费者、生产企业所从事的物流活动，主要特点是具体性和局部性。

（二）按物流在供应链中的作用分类

可以分为供应物流、生产物流、销售物流、回收物流和废弃物物流。如图6－1所示。中国国家标准《物流术语》（GB/T 18354—2006）给出了这些物流类型的定义。

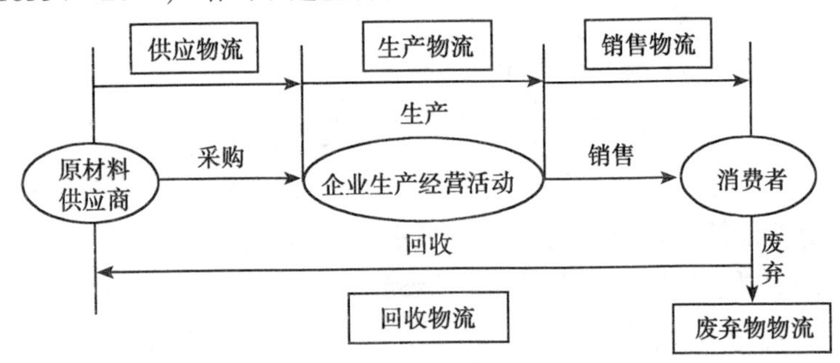

图6－1　物流在供应链中的作用分类

（1）供应物流。指提供原材料、零部件或其他物料时所发生的物流活动。生产企业的供应物流是指生产活动所需要的原材料、备品备件等物资的采购、供应活动所产生的物流；流通领域的供应物流是指交易活动中从买方角度出发在交易中所发生的物流。供应物流的合理化对于企业的成本有着重要影响。

（2）生产物流。指企业生产过程发生的涉及原材料、在制品、半成品、产成品等所进行的物流活动。生产物流包括从生产企业的原材料购进入库起，直到生产企业成品库的成品发送出去为止的物流活动的全过程。生产物流的合理化对生产企业的生产秩序和生产成本有很大影响。

（3）销售物流。指企业在出售商品过程中所发生的物流活动。生产企业或流通企业售出产品或商品的物流过程即为销售物流，也指物资的生产者或持有者与用户或消费者之间的物流。销售物流的合理化有利于提高企业的市场竞争力。

（4）回收物流。商品在生产及流通活动中有许多要回收加以利用的物资，对这些物资的回收和再加工过程形成了回收物流。回收物资由于品种繁多、变化较大，且流通渠道也不规则，因此，对回收物流的管理和控制难度较大。

（5）废弃物物流。指将经济活动或人们生活中失去原有使用价值的物品，根据实际需要进行收集、分类、加工、包装、搬运、储存等，并分送到专门处理场所的物流活动。此时，废弃物已没有再利用的价值，但如果不加以妥善处理，就会妨碍生产甚至造成环境污染，因此，对废弃物物流的研究十分重要。

（三）按物流系统性质分类

（1）社会物流。指以整个社会为范畴，面向广大用户的，超越一家一户的物流。这种物流的社会性很强，涉及在商品流通领域发生的所有物流活动，因此，社会物流带有宏观物流的性质。

（2）行业物流。指在一个行业内部发生的物流活动。一般情况下，同一个行业的各个企业往往在经营上是竞争对手，但为了共同的利益，在物流领域中常常互相协作，共同促进行业物流系统的合理化。

（3）企业物流。指生产和流通企业在经营活动中所发生的物流活动。企业物流是一种微观物流，由企业生产物流、供应物流、销售物流、回收物流、废弃物流等几部分构成。

（四）按物流活动的地域范围分类

（1）地区物流。指某一行政区域或经济区域的内部物流。地区物流对提高所在地区的企业物流活动效率、保障当地居民的生活环境都有不可或缺的作用。

（2）国内物流。指为国家的整体利益服务，在本国领地范围内开展的物流活动。国内物流作为国家的整体物流系统，它的规划和发展主要包括：物流基础设施的建设及大型物流基地的配置等；各种交通政策法规和税收政策的制定等；为提高物流系统运行效率进行的与物流活动有关的各种设施、装置等的标准化；对各种物流新技术的开发和引进以及对物流技术专门人才的培养。

（3）国际物流。指跨越不同国家或地区之间的物流活动。国际物流是国际间贸易的一个必要组成部分，各国之间的相互贸易最终通过国际物流来实现。

（五）按从事物流的主体分类

（1）第一方物流。指由物资提供者自己承担向物资需求者送货，以实现物资的空间位移的过程。

（2）第二方物流。指由物资需求者自己解决所需物资的物流问题，以实现物资的空间位移。

（3）第三方物流。第三方物流（Third Party Logistics，TPL

或3PL）是独立于供需双方，为客户提供专项或全面的物流系统设计或系统运营的物流服务模式，又称“合同物流”或“契约物流”。

（4）第四方物流。1998年，美国埃森哲咨询公司提出第四方物流的定义。第四方物流是一个供应链的整合者以及协调者，调配与管理组织本身与其他互补性服务所有的资源、能力和技术来提供综合的供应链解决方案。

除以上几种分类之外，物流还可以分为精准物流和定制物流、绿色物流和逆向物流、军事物流、应急物流等。

第二节　电子商务与物流系统及关系

一、电子商务物流系统

（一）电子商务物流系统的含义

物流系统（Logistics System）是指在一定的时间和空间里，由所需位移的物资、包装设备、装卸搬运机械、运输工具、仓储设施、人员和通信联系等若干相互制约的动态要素所构成的具有特定功能的有机整体。电子商务物流系统即开放性、信息化、整合性、规模化、多层次的现代物流系统。

（二）电子商务物流系统的构成和运作流程

（1）电子商务物流系统由物流信息系统和物流作业系统两部分构成，如图6－2所示。

物流信息系统：通过对与物流相关信息的加工处理来达到对物流、资金流的有效控制和管理，并为企业提供信息分析和决策支持的人机系统。

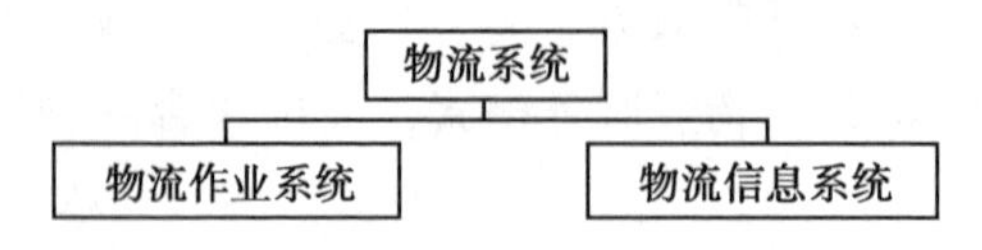

图 6－2　物流系统的构成

物流作业系统：在运输、保管、搬运、包装、流通加工等作业中使用种种先进技能和技术，并使生产据点、物流据点、运输配送路线、运输手段等网络化，以提高物流活动的效率。

(2) 电子商务物流系统的运作流程。

图 6－3 显示了一个简单的电子商务物流系统的运作流程。

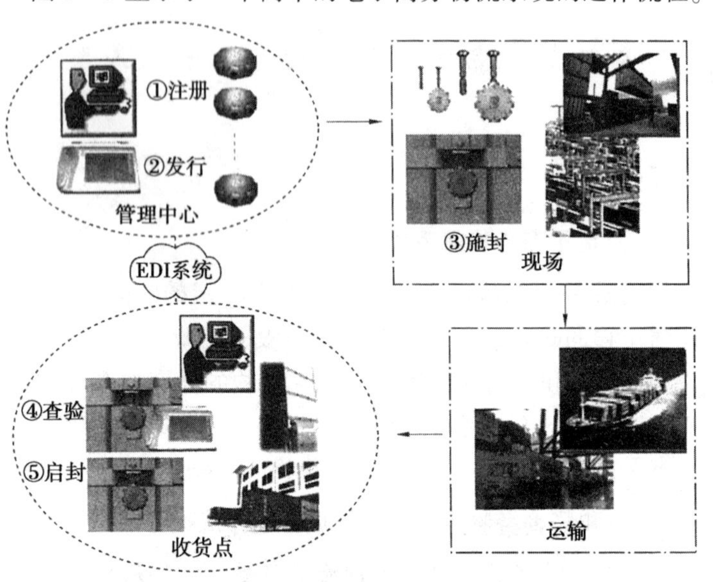

图 6－3　电子商务物流系统的运作流程

(三) 电子商务物流系统的特征

电子商务物流系统有以下特征：①物流运作方式信息化、

网络化；②物流运作水平标准化、智能化；③物流反应高速度、系统化；④物流动态调配个性化、柔性化；⑤物流经营形态社会化、全球化。

二、电子商务与物流的关系

（一）电子商务对物流的影响

1. 电子商务将改变人们传统的物流观念

电子商务作为新兴的商务活动，为物流创造了一个虚拟的运动空间。在电子商务状态下，人们进行物流活动时，物流的各种职能及功能可以通过虚拟化的方式表现出来，在这种虚拟化的过程中，人们可以通过各种组合方式寻求物流的合理化，使商品实体在实际的运动过程中达到效率最高、费用最省、距离最短、时间最少的效果。

2. 电子商务将改变物流的运作方式

（1）电子商务可使物流实现网络的实时控制。传统的物流运作活动是以商流为中心的，而在电子商务下，物流的运作是以信息为中心的，信息不仅决定了物流的运动方向，而且也决定着物流的运作方式。在实际运作过程中，通过网络上的信息传递，可以有效地实现对物流的控制，实现物流的合理化。

（2）网络对物流的实时控制是以整体物流来进行的。传统的物流活动中，即使有计算机对物流进行实时控制，也是以单个运作方式来进行的，而在电子商务时代，物流能在全球网络范围内实施整体实时控制。

3. 电子商务将改变物流企业的经营形态

（1）电子商务将改变物流企业对物流的组织和管理。在传统经济条件下，物流往往由某一企业来组织和管理；而电子商务则要求物流以社会的角度来实行系统的组织和管理，以改变传统物流分散的状态。这就要求企业在组织物流的过程中，不仅要考虑本企业的物流组织和管理，还要考虑全社会的整体系统。

（2）电子商务将改变物流企业的竞争状态。在传统经济活动中，物流企业之间存在激烈的竞争，这种竞争往往是依靠本企业提供优质服务、降低物流费用等方面来进行的；在电子商务时代，这些竞争内容虽然依然存在，但有效性却大大降低了。原因在于电子商务需要一个全球性的物流系统来保证商品实体的合理流动，单个企业很难达到这一要求，物流企业只有联合起来，形成协同竞争的状态，才能实现物流的高效化、合理化、系统化。

4. 电子商务将促进物流基础设施的改善和物流技术与物流管理水平的提高

（1）电子商务将促进物流基础设施的改善。电子商务高效率和全球性的特点，要求物流也必须达到这一目标。物流要达到这一目标，良好的交通运输网络、通信网络等基础设施是最基本的保证。

（2）电子商务将促进物流技术的进步。物流技术水平的高低是实现物流效率高低的一个重要因素，要建立一个适应电子商务运作的高效率的物流系统，加快提高物流的技术水平有着重要的作用。

（3）电子商务将促进物流管理水平的提高。只有提高物流的管理水平，建立科学合理的管理制度，将科学的管理手段和方法应用于物流管理当中，才能确保物流的顺利进行，实现物流的合理化和高效化，促进电子商务的发展。

5. 电子商务对物流人才提出了更高的要求

电子商务要求物流管理人员不但要具有较高的物流管理水平，而且要具备较丰富的电子商务知识，并在实际运作过程中能将两者有机地结合在一起。

（二）物流对电子商务的影响

1. 物流是实施电子商务的根本保障

从电子商务的基本流程可以看出，电子商务的任何一笔交易都由商流、物流、信息流和资金流四个基本部分组成。没有物流，以物质实体为交易对象的电子商务就不可能实现。

2. 物流保障生产

无论在传统方式下，还是在电子商务背景下，生产者是商品流通之本，而生产的顺利进行仍需要各类物流活动的支持，比如，从原材料采购开始，就需要有相应的供应物流活动。合理、现代化的物流，通过降低费用而降低成本、优化库存结构，减少资金占用、缩短生产周期，从而保障现代化生产的高效进行。

3. 物流是实现“以客户为中心”理念的根本保证

电子商务的出现方便了最终的消费者，他们可以用鼠标、键盘甚至智能手机等终端方便快捷地完成购物过程。但是，如果订购的商品不能保质保量地及时送达，消费者便会对这种商务活动失去信心，转向更能带来安全感的传统购物方式。因此，现代化物流是电子商务中实现“以客户为中心”理念的最终保障。

（三）电子商务与物流的关系

1. 物流对电子商务的制约与促进

有形商品的网上交易活动作为电子商务的一个重要构成方

面，近年来发展迅猛。在这一发展过程中，物流已经成为有形商品网上交易活动能否顺利进行和发展的一个关键因素。没有一个高效、合理、畅通的物流系统，电子商务所具有的优势就难以得到有效的发挥；没有一个与电子商务相适应的物流体系，电子商务就难以得到有效的发展。

2. 电子商务对物流的制约与促进

电子商务对物流的制约主要表现在：当网上有形商品的交易规模较小时，并不能形成专为网上交易提供服务的物流体系，这不利于物流专业化和社会化的发展。

电子商务对物流的促进主要表现在：当网上交易规模较大时，有利于物流专业化和社会化的发展；电子商务中的现代信息技术会促进物流的发展。

第三节　电子商务的物流模式

物流模式，又称物流管理模式，是指从一定的观念出发，根据现实的需要，构建相应的物流管理系统，形成有目的、有方向的物流网络。在电子商务环境下，大致有以下几类物流模式。

一、企业自营物流模式

企业自营物流模式是指电子商务企业自行组建物流配送系统，经营管理企业的整个物流运作过程。

（一）自营物流主要的两种情况

1. 自行筹建

具有雄厚资金实力和较大业务规模的电子商务公司为了满

足其成本控制目标和客户服务要求，凭借庞大的连锁分销渠道和零售网络，利用电子商务技术，自行建立适应业务需要的畅通、高效的物流系统，并可向其他的物流服务需求方（比如其他的电子商务公司）提供第三方综合物流服务，以充分利用其物流资源，实现规模效益。京东商城的自营物流是这类模式的典型代表。

京东（JD. com）是中国目前最大的自营式电商企业，拥有中国电商行业最大的仓储设施。截至2014年6月30日，京东建立了7大物流中心，在全国39座城市建立了97个仓库，总面积约为180万平方米。同时，还在全国1 780个行政区县拥有1 808个配送站和715个自提点、自提柜。京东专业的配送队伍能够为消费者提供一系列专业服务，如211限时达、次日达、夜间配和三小时极速达，GIS包裹实时追踪、售后100分、快速退换货以及家电上门安装等服务，保障用户享受到卓越、全面的物流配送和完整的“端对端”购物体验。图6－4所示为京东配送服务网站界面。

2. 依托原有资源加以改造建立

传统的大型制造企业或批发企业经营的B2B电子商务网站，由于其自身在长期的传统商务中已经建立起初具规模的营销网络和物流配送体系，在开展电子商务时只需将其加以改进、完善，就可满足电子商务条件下对物流配送的要求。海尔集团建立的“日日顺”品牌是这类模式的典型代表。

海尔电器是海尔集团旗下的在香港联合交易所有限公司主板上市的公司，主要从事海尔及非海尔品牌的其他家电产品的渠道综合服务业务。2013年，“日日顺”以120. 66亿元的品牌价值入围第19届中国最有价值品牌榜榜单，成为首个品牌价值超百亿的物联网品牌，是互联网时代用户交互体验引领的开放

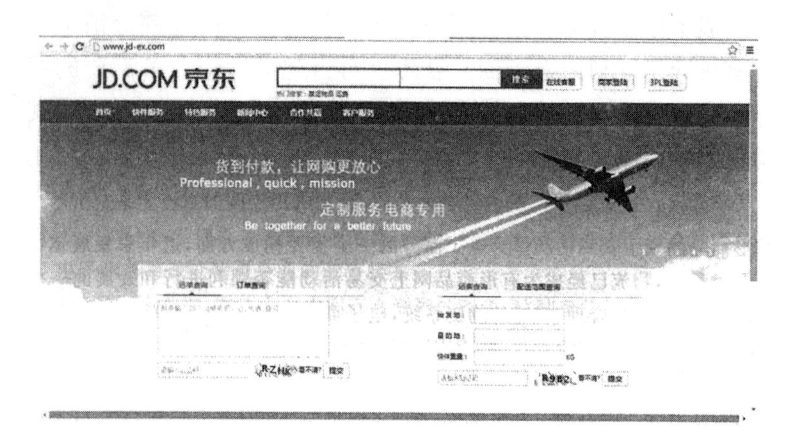

图 6－4　京东商城自营“京邦达”配送服务网站

性平台。“日日顺”整合虚网、营销网、物流网、服务网四网优势，通过虚实融合战略，为用户提供全流程一体化的解决方案。图 6－5 所示为海尔“日日顺”品牌描述图。

图 6－5　海尔“日日顺”品牌描述

（二）自营物流的特点

自营物流可以使企业对供应链有较强的控制能力，容易与其他业务环节密切配合，使企业的供应链更好地保持协调、简洁与稳定。它的优势主要体现如下。

(1) 电子商务企业可以通过内部行政权控制商品配送活动，不必为货物配送的佣金问题谈判，从而提高了配送服务的效率，减少了交易费用。

(2) 自营物流能控制或避免竞争对手对配送系统的利用，保障企业对客服服务的优先地位。

(3) 自营物流的配送系统能与企业的营销活动密切配合，从而提高企业的市场竞争力和品牌价值。

虽然自营物流有以上优势，但由于巨大的资金投入和系统管理需求，以下几点值得注意。

(1) 自营物流的高投入对物流体系建立后的业务规模要求较高，大规模才能降低成本，否则会陷入长期不盈利的境地。

(2) 自建庞大的物流体系，占用大量流动资金，投资成本较大，时间较长，对企业柔性会有不利影响。

(3) 自营物流体系建立后，对工作人员专业化的物流管理能力要求较高。

(三) 自营物流的适用条件

(1) 业务集中在企业所在城市，送货方式比较单一。

(2) 拥有覆盖面很广的代理、分销、连锁店，而企业业务又集中在其覆盖范围内的。

(3) 对于一些规模比较大、资金比较雄厚、货物配送量巨大的企业来说，投入资金建立自己的配送系统以掌握物流配送的主动权也是一种战略选择。

二、第三方物流

电子商务的迅速发展对物流服务提出了更高的要求，由于技术先进，配送体系完备，第三方物流成为电子商务物流配送的理想方案之一。除了有实力自建物流体系的大企业之外，更多的中小企业倾向于采用这种模式。在国外，第三方物流较为盛行，有调查显示，欧洲的第三方物流占整个物流市场份额的20%～50%，美国和日本的这一比例分别为50%和80%。

（一）第三方物流的含义

第三方物流（Third Party Logistics，TPL或3PL）是指由物流的实际需求方（第一方）和物流的实际供给方（第二方）之外的第三方部分地或全部利用第二方的资源通过合约向第一方提供的物流服务，也称合同物流、契约物流。

第三方物流与传统的外包物流不同，前者只限于一项或一系列分散的物流功能，如运输公司提供运输服务、仓储公司提供仓储服务；而后者则根据合同条款规定而不是根据临时的要求，提供多功能甚至全方位的物流服务，企业之间是联盟关系。

（二）第三方物流的特点

1. 关系契约化

第三方物流为客户提供的业务是以契约形式确定的，如业务类型、业务量、时间、地域范围、价格等内容都要在合同中涉及，物流经营者和物流消费者双方通过契约形式来结成优势互补、风险共担、要素双向或多向流动的伙伴，因此，第三方物流企业与委托方企业之间是物流联盟的关系。

2. 服务个性化

不同的物流消费者存在不同的物流服务要求，第三方物流需要根据不同物流消费者在企业形象、业务流程、产品特征、顾客需求特征、竞争需要等方面的不同要求，提供针对性强的个性化物流服务和增值服务。同时，物流经营者也因为市场竞争、物流资源、物流能力等的影响形成有特色的服务，以增强竞争力。

3. 功能专业化

第三方物流企业的核心业务是物流服务，因此，所提供的服务是专业化的物流服务。从物流设计、操作过程、技术标准、物流设施到系统管理必须体现出专业化的水平，这既是物流消费者的需要，也是第三方物流企业自身发展的基本要求。

4. 信息网络化

第三方物流以信息技术为基础，信息技术实现了数据在网络上的快速、准确传递，提高了仓库管理、装卸搬运、采购、订货、配送、发运、订单处理的自动化水平，使订货、保管、运输、流通和加工实现一体化。

（三）第三方物流的优势

1. 使客户企业集中于主业

日趋激烈的市场竞争使企业越来越难以成为业务上面面俱到的专家，企业要想维持市场竞争优势，出路在于将有限的资源集中于核心业务上。第三方物流模式下，客户企业把物流环节交给专业物流企业去做，自己则可以把经营重点投入到产品研发、电商平台建立和完善、服务升级等主业上，加大专业业务的深度；而对物流企业来说，既可以拓展服务范围，又可以借此提高自身的信息化程度。从这个角度上来说，第三方物流特别适合那些核心竞争力并非物流的企业来选择。

2. 为客户企业提供解决方案或灵活的服务

技术的进步和终端消费者的苛刻需求使得供应商和零售商在物流配送和解决方案上的要求也越来越高，专业的第三方物流企业具备较强的技术创新能力，他们还具备新技术、新设备及强大的网络优势，能够为处于不同行业中千差万别的客户提供满足需求的解决方案，并有针对性地开展灵活的服务。

3. 为客户企业节省成本费用，减少库存

专业的第三方物流服务提供商利用规模优势、专业优势和成本优势，通过提高各环节的资源利用率来帮助生产企业降低运作成本，减少固定资产投资；精心策划的物流计划和配送方案能够最大限度地减少库存，改善企业的现金流量，加速资本周转。

4. 提升客户企业形象

第三方物流企业的利润不仅来源于运费、仓储等直接收入，还来源于与客户企业共同在物流领域创造的新价值，因此，第三方物流与客户企业间是一种战略伙伴关系，为了挖掘利润、创造价值，它会设计出敏锐响应客户需求、低成本高效率的物流方案，为提升合作伙伴的竞争力和企业形象创造有利条件。

三、物流联盟

物流联盟是为了取得比单独从事物流活动更好的效果，企业间形成相互信任、共担风险、共享收益的物流伙伴关系，企业之间不完全采取会导致自身利益最大化的行为，也不完全采取导致共同利益最大化的行为，只是在物流方面通过契约形成优势互补、要素双向或多向流动的中间组织。联盟是动态的，只要合同结束，双方又回到追求自身利益最大化的单独个体。

电子商务企业与物流企业联盟，一方面有助于电子商务企业降低经营风险，提高竞争力，企业也可以从物流伙伴处获得物流技术和管理经验；另一方面，也使物流企业有了稳定的客户资源。

物流联盟一般具有以下特征。

（1）相互依赖。组成物流联盟的企业之间具有很强的依赖性，这种依赖来源于社会分工的细化和核心业务的回归。

（2）分工明晰。物流联盟的各个组成企业明确自身在整个物流联盟中的优势及担当的角色，分工明晰，使供应商把注意力集中在提供客户指定的服务上。

（3）强调合作。许多不同地区的物流企业可以通过物流联盟共同为电子商务客户服务，实现跨地区的配送，满足电子商务企业全方位的物流服务需要。电子商务企业也可借此降低成本、减少投资、控制风险，提高企业竞争力。

四、第四方物流

第四方物流（Fourth Party Logistics，4PL）是一个供应链集成商，它调集和管理组织自身的以及具有互补性的服务提供商的资源、能力和技术，以提供一个综合的供应链解决方案。第四方物流的理念虽早已有之，但与实践仍存在一定的距离。但是，第三方物流的快速发展和现代物流技术的广泛应用，为第四方物流的发展提供了商机，使之具有较大的发展潜力。

（一）第四方物流的特点和优势

第四方物流主要是在第三方物流的基础上，通过对物流资源、物流设施、物流技术的整合和管理，提出物流全过程的方案设计、实施办法和解决途径，为客户提供全面意义上的供应链解决方案。所以，第四方物流企业虽然必须具备良好的物流行业背景和相关经验，但并不一定要从事具体的物流配送活动，或建设物流基础设施。其关键在于为客户提供最佳的增值服务，即迅速、高效、低成本和个性化的服务等。第四方物流的优势主要体现在以下几个方面。

（1）能对整个供应链及物流系统进行整合规划。第三方物流的优势在于运输、储存、包装、装卸、配送、流通加工等实际的物流业务操作能力，而在综合技能、集成技术、战略规划、区域及全球拓展能力等方面存在局限。第四方物流的核心竞争力就在于其对整个供应链及物流系统进行整合规划的能力，也是降低客户企业物流成本的根本所在。

（2）能对供应链服务商进行资源整合。第四方物流作为有领导力量的物流服务提供商，可以通过其影响整个供应链的能力，整合最优秀的第三方物流服务商、管理咨询服务商、信息技术服务商和电子商务服务商等，为客户企业提供个性化、多样化的供应链解决方案，为其创造超额价值。

（3）强大的信息及服务网络。第四方物流公司的运作主要依靠信息与网络，其强大的信息技术支持能力和广泛的服务网络覆盖支持能力是客户企业开拓国内外市场、降低物流成本所极为看重的，也是取得客户信任、获得大额长期订单的优势所在。

（4）高质量的人才。第四方物流公司拥有大量高素质国际化的物流和供应链管理专业人才和团队，可以为客户企业提供全面的卓越的供应链管理与运作，提供个性化、多样化的供应链解决方案，在解决物流实际业务的同时实施与公司战略相适应的物流发展战略。

（二）第四方物流与第三方物流的关系

第四方物流是在第三方物流的基础上发展起来的，同时在整个物流供应链中，第四方物流是第三方物流的管理和集成者，是通过在第三方物流整合社会资源的基础上进行再整合的。如果说第三方物流是解决企业物流的关键，那么第四方物流则是解决整个社会物流系统的主要问题，只有在供应链管理技术成熟、物流与供应链管理人才充裕、企业组织变革管理的能力较好，同时整个物流的基础设施先进、企业规模较大的情况下，第四方物流才能承担起供应链集成商的重任。这要求第四方物流企业至少要满足以下条件。

（1）第四方物流企业不是物流的利益方。

（2）第四方物流企业要有良好的信息共享平台，让物流参与者之间实现信息共享。

（3）第四方物流企业要有足够的供应链管理能力。

（4）第四方物流企业要有区域化甚至全球化的地域覆盖能力和支持能力。

由此可见，第四方物流作为供应链的集成商，是供需双方及第三方物流的领导力量，它专门为第一方、第二方和第三方提供物流规划、物流咨询、物流信息系统、供应链管理等服务，它不仅控制和管理特定的物流服务，而且对整个物流过程提出解决方案，并通过电子商务将这个过程集成起来。

第四节　物流信息技术

物流技术（Logistics Technology）是物流活动中采用的自然科学与社会科学方面的理论、方法以及设施、设备、装置与工艺的总称。

物流技术包括两个方面，即物流硬技术和物流软技术。

物流硬技术是指物流设施、装备和技术手段。传统物流硬技术主要指材料、机械、设施等。典型的现代物流技术手段和装备即电子商务物流技术，主要包括计算机、互联网、数据库技术、条码技术、EDI、地理信息系统（GIS）、全球定位系统

(GPS) 等。

物流软技术又称物流技术应用方案，是指组织实现高效率的物流所需要的计划、分析、评价等方面的技术和管理方法等，它涉及物流系统化、物流标准化、各种物资设备的合理调配使用、库存、成本、操作流程、人员、物流路线的合理选择，以及为实现物流活动的高效率而进行的计划、组织、指挥、控制和协调等。

一、条码技术

(一) 条码技术概述

1. 条码技术概念和特点

条形码，简称条码 (Bar Code)，是由一组按一定编码规则排列的条、空及字符组成，用以表示一定信息的条状代码。条码技术是随着电子技术和信息技术在现代化生产和管理领域的广泛应用而发展起来的一门实用的数据采集、自动输入技术。条码系统是由编码技术、条码符号设计和制作以及扫描识读技术组成的自动识别系统。

条码由一组黑白相间的条纹规则排列构成。这种条纹由若干个黑色的“条”和白色的“空”组成，其中，黑色“条”对光的反射率低，而白色“空”对光的反射率高，再加上“条”与“空”的宽度不同，就能使扫描光线产生不同的反射效果，在光电转换设备上转换成不同的电脉冲，形成可以传输的电子信息。由于光的运动速度极快，所以可以准确无误地对运动中的条码予以识别。条码技术具有操作简单、信息采集快、采集信息量大、可靠性高、灵活实用、自由度大和设备结构简单、成本低等特点。

2. 条码技术的分类

（1）按有无字符符号间隔，可分为连续性条码和非连续性条码。

（2）按字符符号个数固定与否，可分为定长条码和非定长条码。

（3）按扫描起点的可选性，可分为双向条码和单向条码。

（4）按码制的不同，可分为多种条码，如当前使用较普遍的 EAN 条码、UPC 条码、ITF25 码、ISBN 码、ISSN 码等一维条码和 PDF417 码、QR Code 等二维条码。

3. 条码技术的应用领域

条码技术是集计算机、光、机电、通信技术于一体的高新科学技术，伴随着 IT 技术的发展而发展，其应用领域也很广泛，主要有以下领域。

（1）商业领域。无论是商品的入库、出库、上架，还是和顾客结算的过程，都要面对如何将数量巨大的商品信息输入计算机的问题，条码技术在这里显示了极大的优越性。

（2）工业领域。企业管理中，条码识别设备是数据采集的有力手段。在企业的人事管理（考勤、工资、档案）、物资管理、生产管理、生产过程的自动化控制系统中，条码技术都是重要的数据采集手段。

（3）物资流通领域。各个物流中心、仓储中心等，都需要对物品的入库、出库和盘点进行计算机数据处理，条码技术的应用让这些过程变得高效快捷。

（4）交通运输领域。国际运输协会规定，货物运输中，物品的包装箱上必须标有条码符号。铁路、公路的旅客车票自动化售票及检票系统、公路收费站的自动化系统等，都须应用条码技术。

（5）邮电通信领域。在邮件上贴上或印制上条码符号，就能用条码阅读设备输入相应的信息，保证及时准确地完成邮件揽收与投递，确保邮件装车的正确性，提高递送效率，保证邮件服务系统业务数据的及时更新，实现自动化管理。

（6）其他领域。在图书出版业、图书管理系统、医疗卫生系统等都在广泛使用条码。另外，无论在证照防伪方面，如护照、身份证、驾驶执照等的防伪，还是在税务申报、医疗检验、人口管理等方面，条码技术都得到了人们的普遍关注，发展十分迅速。条码技术的使用极大地提高了数据采集和信息处理的速度，提高了工作效率，为管理的科学化和现代化作出了很大贡献。

（二）物流条码的标准体系

1. EAN－13 商品条码

EAN－13 商品条码是企业最常用的商品条码，条码的排列顺序是：左侧空白区、起始符、左侧数据符、中间分隔符、右侧数据符、校验符、终止符、右侧空白区。条码下方还有供人识别的字符（数字）。如图 6－6 所示。

通常，EAN－13 条码由 13 位数字组成，条码字符集可表示为 0～9，共 10 个数字字符。13 位条码包括以下几部分。

（1）前缀码。EAN 分配给国家或地区的编码组织代码。“690～695” 由中国物品编码中心使用。

（2）制造厂商代码。一般由 4 位数字组成，由地区物品编码中心统一分配并注册，“一厂一码”。

（3）商品代码。一般由 5 位数字组成，表示不同的商品项目，由厂商确定。

（4）校验码。最后一位数字为校验码，用以校验前面各码

图 6－6 EAN－13 商品条码的符号结构

的正误。

除了 EAN－13 条码外，还有一种 EAN－8 的商品条码，又称缩短版商品条码，用于标识小型商品，由 8 位数字组成。一般多用于商品销售包装，前缀码和校验码与 EAN－13 条码相同，但无企业代码，只有商品代码，由相应的物品编码管理机构分配。

2. UCC/EAN－128 码

UCC/EAN－128 码由国际物品编码协会（EAN）、美国统一代码委员会（UCC）和自动识别制造商协会共同设计而成，主要应用在物流领域，是目前可用的最完整、高密度的、可靠的、应用灵活的字母数字型一维码制之一。它允许表示可变长度的数据，并能将若干个信息编码在一个条码符号中。图 6－7 所示为一个 UCC/EAN－128 条码。

3. 二维条码

一维条码所携带的信息量有限，如商品上的条码仅能容纳 13 位（EAN－13 码）阿拉伯数字，更多的信息只能依赖商品数

图 6－7　UCC/EAN－128 条码

据库的支持，离开了预先建立的数据库，这种条码就没有意义了，因此在一定程度上也限制了条码的应用范围。20 世纪 90 年代，二维码诞生了，二维码作为一种新的信息存储和传递技术，已应用在国防、公共安全、交通运输、医疗保健、工业、商业、金融、海关及政府管理等多个领域。

二维条码用某种特定几何图形按一定规律在二维平面上分布黑白相间的图形以记录数据信息，在代码编制上，利用构成计算机内部逻辑基础的“0”和“1”的概念，使用若干个与二进制相对应的几何形体来表示文字数值信息，通过图像输入设备或光电扫描设备自动识读，以实现信息自动处理。二维条码能够在横向和纵向两个方向同时表示信息，因此能在很小的面积内表达大量信息。二维条码可分为堆叠式/行排式二维条码和矩阵式二维条码。

堆叠式/行排式二维条码形态上由多行截短的一维条码堆叠而成。它在编码设计、校验原理、识读方式等方面继承了一维条码的一些特点，识读设备和条码印刷与一维条码技术兼容，但由于行数的增加，需要对行进行判定，其译码算法与软件与一维条码的也不完全相同。有代表性的堆叠式/行排式二维条码有 Code 16K、Code49、PDF417 等，如图 6－8 所示。

图 6－8　Code 16 K、Code49、PDF417 条码

矩阵式二维条码在一个矩形空间通过黑、白像素在矩阵中的不同分布进行编码。在矩阵相应元素位置上，用点（方点、圆点或其他形状）的出现表示二进制“1”，点的不出现表示二进制“0”，点的排列组合确定了矩阵式二维条码所代表的意义。矩阵式二维条码是建立在计算机图像处理技术、组合编码原理等基础上的一种新型图形符号自动识读处理码制。有代表性的矩阵式二维条码有 Code One，Maxi Code、QR Code，Data Matrix 等，如图 6－9 所示。

图 6－9　Code One、Maxi Code、QR Code、Data Matrix 条码

二维条码的特点有：①信息容量大；②编码范围广；③保密、防伪性能好；④译码可靠性高；⑤修正错误能力强；⑥易制作且成本低；⑦条码符号形状、尺寸大小比例可变；⑧可以使用激光或 CCD 阅读器识读。

4. UPC 条码

UPC 条码是由美国统一代码委员会制定的一种代码，主要用于美国和加拿大。

5. ITF 条码

ITF 条码主要用于运输包装，是在印刷条件较差，不能印刷 EAN 和 UPC 条码时选用的一种条码。

二、射频技术及应用

（一）射频技术概述

1. 射频技术的含义及原理

无线射频识别（Radio Frequency Identification，RFID），又称电子标签、电子条码，是一种通过射频信号识别目标对象并获取相关数据信息的一种非接触式的自动识别技术。

RFID 是 20 世纪 90 年代开始兴起的一种自动识别技术。它的基本原理是电磁理论，核心技术是无线通信技术和存储器技术。RFID 系统由电子标签（Tag）、阅读器（Reader）、天线（Antenna）组成，作为条形码的无线版本，RFID 具有条码技术所不具备的防水、防磁、耐高温、使用寿命长、读取距离大、标签数据可加密、存储数据容量更大、存储信息更加自如等优点。

2. RFID 系统的工作过程

RFID 系统的工作过程大致可以描述为：阅读器（读/写单元）在一个区域发射能量形成电磁场，射频标签经过这个区域检测到读写器的信号后发送储存的数据，读写器接收射频标签发送的信号，解码并校验数据的准确性以达到识别的目的。如图 6-10 所示。

RFID 系统的具体工作步骤如下。

（1）读写器将设定数据的无线电载波信号经过发射天线向外发射。

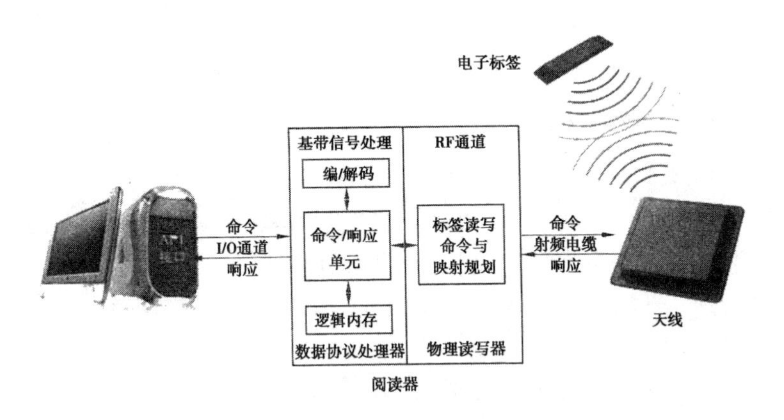

图 6-10　RFID 系统工作原理示意

(2) 当射频标签进入发射天线的工作区时，射频标签被激活后即将自身信息代码经天线发射出去。

(3) 系统的接收天线接收到射频标签发出的载波信号，经天线的调制器传给读写器。读写器对接到的信号进行解调解码，送后台电脑控制器。

(4) 电脑控制器根据逻辑运算判断该射频标签的合法性，针对不同的设定做出相应的处理和控制，发出指令信号控制执行机构的动作。

(5) 执行机构按电脑的指令动作。

(6) 通过计算机通信网络将各个监控点连接起来，构成总控信息平台，根据不同的项目可以设计不同的软件来完成要达到的功能。

3. RHD 技术的特点

RHD 技术有以下特点：①可通过无线通信进行非接触读取数据；②保密性好，具有防伪功能；③抗恶劣环境能力强，防水、防磁、耐高温和低温；④识读速度快，识读距离远；⑤使用寿命长；⑥适应物体移动速度快；⑦可穿过布、皮、木材等非金属材料阅读；⑧可同时进行多个目标的识别。

（二）射频技术的应用

1. 射频技术的应用范围

RFID 技术的典型应用主要有物流和供应链管理、生产制造和装配、航空行李处理、邮件/快运包裹处理、文档追踪/图书馆管理、动物身份标识、运动计时、门禁控制/电子门票、道路自动收费。

2. 射频技术在电子商务物流中的应用

在 RFID 的诸多应用中，物流和供应链领域通常被认为是最大的应用领域。RFID 技术在物流各环节的应用体现在以下几个方面。

（1）供应商环节，实时获取货物库存信息。供应商采用 RFID 技术，带有 RFID 的电子标签的货物进入射频天线工作区时电子标签将被激活，标签上的数据（如生产厂家、货物名称、数量等）将被自动识别，自动传输。

（2）制造商环节，改进采购管理，提高生产管理效率。企业采购人员可以利用便携式数据终端调用后台数据资料，并读取生产区库存品的 RFID 标签信息，现场决定是否补货或退货。生产运行人员也可以利用 RFID 技术实现整个生产线对原材料、零部件、半成品和产成品的识别和跟踪，从品种繁多的货品中准确找到需要的原材料和零部件，并将其及时准确地送达指定工位上，确保生产的高效运作。

（3）零售商环节，库存监测，快速反应。当货物运抵零售商店时卡车直接开过安装有 RFID 识读器的接货大门，货物即清点完毕，直接上架或暂时保存在零售仓库中，同时更新库存信息；当顾客从智能货架上选择商品，完成交易之后，系统自动更新库存信息；当货架上某一商品的数量低于设定值时会发出低库存警告，提示需要及时进行补货。

（4）客户环节，购物快捷高效。当消费者推着装有商品的购物车从有 RFID 识读器的通道中通过时，商品统计便自动完成，顾客可以选择现金、信用卡付账，也可以使用带有 RFID 标签的结算卡由系统自动扣除款项。收银员不用再一次次将众多时间和精力用在顾客所购商品的搬运和扫描上，消费者也不必排着长队等候结账。

三、地理信息系统及应用

（一）地理信息系统概述

1. 地理信息系统的含义和功能

在中国国家标准《物流术语》中，地理信息系统（Geographical Information System，GIS）被定义为由计算机软硬件环境、地理空间数据、系统维护和使用人员等构成的空间信息系统对整个或部分地球表层（包括大气层）空间中的有关地理分布数据进行采集、存储、管理、运算、分析显示和描述。

地理信息系统是20 世纪60 年代迅速发展起来的地理学研究新成果，是多种学科交叉的产物，它以地理空间数据为基础，采用地理模型分析方法，适时提供多种空间的和动态的地理信息，是一种为地理研究和地理决策服务的计算机技术系统。GIS的基本功能是将表格型数据（来自于数据库、电子表格文件或是直接在程序中输入）转换为地理图形显示，然后对显示结果进行浏览和分析。其显示范围从洲际到非常详细的街区，显示对象包括人口、销售情况、运输线路以及其他内容。

2. 地理信息系统的组成

GIS 由以下几个主要元素组成。

（1）硬件。指 GIS 所操作的计算机，目前 GIS 软件可以在很多类型的硬件上运行，从中央计算机服务器到桌面计算机，从单机到网络环境。

（2）软件。提供所需的存储、分析和显示地理信息的功能和工具。主要的软件部件有输入和处理地理信息的工具，数据库管理系统（DBMS），支持地理查询、分析和视觉化的工具，容易使用这些工具的图形化界面（GUI）。

（3）数据。一个 GIS 系统中最重要的部件是数据。对于地理数据和相关的表格数据，企业可以自己采集或者从商业数据提供者处购买。GIS 可以将空间数据和其他数据源泉的数据集成在一起，而且可以使用那些被大多数公司用于组织和保存数据的数据库管理系统来管理空间数据。

（4）人员。在 GIS 系统中进行系统管理和制订计划并用于解决实际问题。GIS 用户范围包括设计和维护系统的技术专家，以及那些使用该系统辅助每天工作的人员。

（5）方法。成功的 GIS 系统都拥有好的设计计划和自己的运行规律，对每个公司来说，具体的 GIS 系统操作实践又是独特的。

（二）地理信息系统在物流中的应用

1. GIS 在仓库规划中的应用

地理信息系统本身是把计算机技术、地理信息和数据库技术紧密结合起来的新型技术，其特征非常适合仓库建设规划，从而使仓库建设规划走向规范化和科学化，使仓库建设的经费得到最合理的使用。仓库地理信息系统作为仓库管理信息系统的一个子系统，依据地理坐标、图标等方式更直观地反映仓库的基本情况，如仓库建筑情况、仓库附近公路和铁路情况、仓库物资储备情况等。它是仓库管理信息系统的一个重要分支和补充。

2. 地理信息系统在铁路运输中的应用

铁路运输地理信息系统便于销售、市场、服务和管理人员查看客运站、货运站、货运代办点、客运代办点之间的相对地理位置，以及运输专用线和铁路干线之间的相对地理位置。不同颜色和填充模式区分的各种表达信息，使用户便于识别销售区域、影响范围、最大客户、主要竞争对象、人口状况及分布、工农业统计值等。由此可以看到增加运输收入的潜在地区，从而扩大延伸服务。通过这种可视方式，可以更好地制定市场营销和服务策略，有效地分配市场资源。

3. 车辆监控系统

车辆监控系统是集全球定位系统、地理信息系统和现代通信技术于一体的高科技系统。主要功能是对移动车辆进行实时动态的跟踪，利用无线技术将目标的位置和其他信息传送至主控中心，在控制中心进行地图匹配、显示、监控和查询，从而科学地进行调度和管理，提高运营效率。

4. 物流分析

地理信息系统在物流分析方面的应用，是指利用地理信息系统强大的地理数据功能来完善物流分析技术。完整的地理信息系统物流分析软件集成了车辆路线模型、最短路径模型、网络物流模型、分配集合模型和设施定位模型等。

（1）车辆路线模型。用于解决一个起始点、多个终点的货物运输中如何降低物流作业费用，并保证服务质量的问题。包括决定使用多少辆车、每辆车的路线等。

（2）网络物流模型。用于解决寻求最有效的分配货物路径问题，即物流网点布局问题。如将货物从 N 个仓库运往 M 个商店，每个商店都有固定的需求量，因此，需要确定由哪个仓库提货送给哪个商店，所耗的运输代价最小。

（3）分配集合模型。可以根据各个要素的相似点把同一层上的所有或部分要素分为几个组，用以解决确定服务范围和销售市场范围等问题。如某公司设立 X 个分销点，要求这些分销点覆盖某一区域，而且要使每个分销点的顾客数目大致相同。

（4）设施定位模型。用于确定一个或多个设置的位置。在物流系统中，仓库和运输线共同组成了物流网络，仓库处于网络结点处，而结点决定着线路。设施定位模型就是要解决如何根据经济效益等原则，并结合供求的实际需要，在既定区域内设立多少个物流中心和仓库，每个物流中心和仓库的位置及规模等问题。

（三）WebGIS

1. WebGIS 简介

Web GIS 是互联网技术应用于 GIS 开发的产物。基于互联网的地理信息系统常被称为 Web-GIS，这主要是由于大多数的客户端应用采用了 WWW 协议。这是一个交互式的、分布式的、动态的地理信息系统，是由多个主机、多个数据库的无线终端，并由客户机与服务器（HTTP 服务器及应用服务器）相连所组成的（图 6－11）。GIS 通过 WWW 功能得以扩展并真正成为一种大众使用的工具。从 WWW 的任意一个结点，互联网用户可以浏览 WebGIS 站点中的空间数据、制作专题图，以及进行各种空间检索和空间分析，从而使 GIS 进入千家万户。

2. WebGIS 的特点

（1）较低的开发成本和应用管理成本。普通的 GIS 在每个

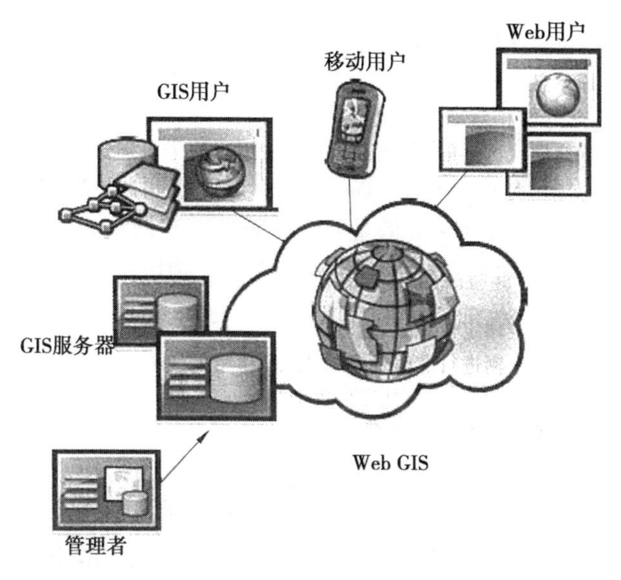

图 6－11 WebGIS 简单构成

客户端都要配备昂贵的专业 GIS 软件，并且在不同的操作系统中要分别使用对应的 GIS 软件，这往往造成重复建设和资源浪费，WebGIS 则能使用新技术做到“一次写成，随处运行”，只需使用通用的浏览器进行地理信息发布和运行，大大降低了开发和应用的成本、技术压力及经济负担。

（2）真正的信息共享。WebGIS 可以利用通用的浏览器进行信息发布，专业人员和普通用户都能方便地获得所需的信息，在全球范围内任意一个 Web 站点的互联网用户都可以获得 WebGIS 服务器提供的服务，真正实现了 GIS 的大众化。

（3）良好的扩展性。互联网技术的标准是开放的、非专用的，是由标准化组织为互联网制定的，这就为 WebGIS 进一步扩展提供了极大的空间，使得 WebGIS 很容易与 Web 中的其他信息服务进行无缝集成，从而开发灵活多样的 G1S 应用。

（4）平衡高效的计算负荷。传统的 GIS 大都使用文件服务器结构的处理方式，其处理能力完全依赖于客户端，效率较低。如今一些高级的 WebGIS 则能充分利用网络资源，将基础性、全局性的处理交由服务器执行，而将数据量较小的简单操作交由客户端直接完成，从而灵活高效地寻求计算负荷和网络流量负载在服务器端和客户端的合理分配，这是一种较为理想的优化模式。

四、全球定位系统及应用

（一）全球定位系统概述

1. 全球定位系统的含义和原理

全球定位系统（Global Positioning System，GPS），是由美国建立和控制的一组卫星组成的、24 小时提供高精度的全球范围的定位和导航信息的系统。美国于 1973 年 11 月开始研制，至 1994 年 7 月，系统全部完成，耗资 300 多亿美元，2000 年 5 月 1 日，美国政府取消对 GPS 的保护政策，向全世界用户免费开放。GPS 具有在海、陆、空进行全方位实时三维导航与定位的能力。

GPS 定位的基本原理是将高速运动的卫星瞬间位置作为已知的起算数据，采用空间距离后方交会的方法，确定待测点的位置。它的计算基础是三角计算法则，即只要知道某未知地与其他三个已知地之间的距离，就可以推算出该处精确的二维位置，再加上一个空间高度的已知值便能很容易地确定它在三维空间的具体位置。

2. 全球定位系统的组成

GPS 包括三大部分：空间部分、控制部分和用户部分。如图 6－12 所示。

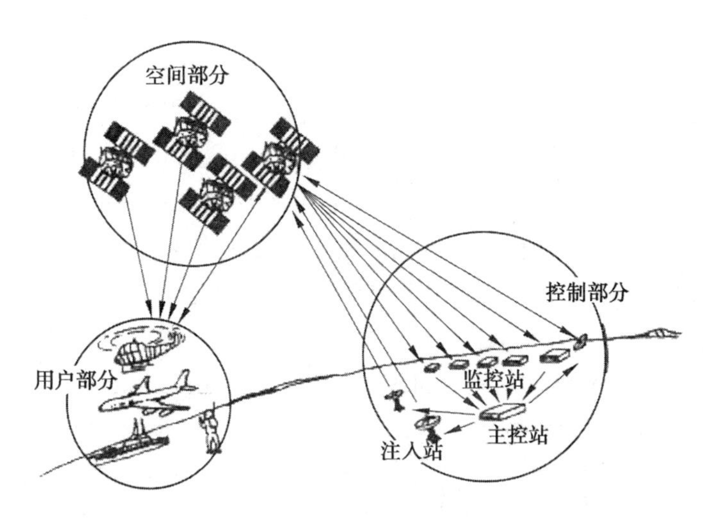

图 6－12　GPS 的组成

（1）空间部分——GPS 卫星星座。GPS 的空间部分最初设计由 24 颗卫星（21 颗工作卫星和 3 颗备用卫星）组成，目前，在轨卫星数量超过 30 颗。这些卫星位于距地表 20 200千米的上空，均匀分布在六个轨道面上，卫星的分布使得在全球任何地方、任何时间都可观测到 4 颗以上的卫星，从而实现连续、实时的导航和定位。

（2）控制部分——地面监控系统。地面监控部分由主控站、全球监测站和地面控制站组成。监测站将取得的卫星观测数据经过初步处理后传送到主控站，主控站从各监测站收集跟踪数据，计算出卫星的轨道和时钟参数，然后将结果送到地面控制站。地面控制站在每颗卫星运行至上空时，把这些导航数据及主控站指令注入卫星。这种注入对每颗 GPS 卫星每天进行一次，并在卫星离开注入站作用范围之前进行最后的注入。如果某地面站发生故障，在卫星中预存的导航信息还可以用一段时间，但导航精度会逐渐降低。

（3）用户部分——GPS 信号接收设备。GPS 信号接收设备的主要功能是能够捕获到按一定卫星截止角所选择的待测卫星，并跟踪这些卫星的运行。当接收设备捕获到跟踪的卫星信号后，即可测算出接收天线至卫星间的一系列数据，并根据这些数据计算出用户所在地理位置的经纬度、高度、速度、时间等信息。

3. 全球定位系统的特点

（1）全球、全天候工作。能为用户提供连续、实时的三维位置、三维速度和精密时间，不受天气的影响。

（2）定位精度高。单机定位精度优于 10 米，采用综合定位，精度可达厘米级甚至毫米级。

（3）观测时间短。随着 GPS 系统的不断完善，软件的不断更新，目前，GPS 接收机的一次定位和测速工作在 1 秒甚至更短的时间内便可完成。

（4）执行操作简单。GPS 可以全天候操作，信息自动接收、存储，减少烦琐的中间处理环节。GPS 接收机体积也越来越小，重量越来越轻，使得用户的操作和使用非常简便。

（5）抗干扰性能好、保密性强。由于 GPS 系统采用了伪码扩频技术，因而 GPS 卫星所发送的信号具有良好的抗干扰性和保密性。

（6）功能多，应用广。随着人们对 GPS 的认识加深，GPS 在测量、导航、测速、测时等方面得到更广泛的应用，而且它的应用范围还在不断扩大。

（二）全球定位系统在物流中的应用

1. GPS 在物流领域的应用

（1）物流配送。GPS 将车辆的状态信息（包括位置、速度等）以及客户的位置信息快速、准确地反映给物流系统，由特定区域的配送中心统一合理地对该区域内所有车辆做出快速地调度。这样就大幅度提高了物流车辆的利用率，减少了空载车辆的数量和空载的时间，从而减少物流公司的运营成本，提高物流公司的效率和市场竞争能力，同时增强物流配送的适应能力和应变能力。

（2）动态调度。运输企业可进行车辆待命计划管理。操作人员通过在途信息的反馈，车辆未返回车队前即做好待命计划，提前下达运输任务，减少等待时间，加快车辆周转，以提高重载率，减少空车时间和空车距离，充分利用运输工具的运能，提前预设车辆信息及精确的抵达时间，用户根据具体情况合理安排回程配货，为运输车辆排解后顾之忧。

（3）货物跟踪。通过 GPS 和 GIS，可以实时了解车辆位置和货物状况，真正实现在线监控，避免以往在货物发出后难以知情的被动局面，提高货物的安全性。货主可以主动、随时了解到货物的运动状态信息以及货物运达目的地的整个过程，增强物流企业和货主之间的相互信任。

（4）车辆优选。查出在锁定范围内可供调用的车辆，根据系统预先设定的条件，判断车辆中哪些是可调用的。在系统提供可调用车辆的同时，将根据最优化原则，在可能被调用的车辆中选择一辆最合适的车辆。

（5）路线优选。地理分析功能可以快速地为驾驶人员选择合理的物流路线，以及这条路线的一些信息，所有可供调度的车辆不用区分本地或是异地都可以统一调度。配送货物目的地的位置和配送中心的地理数据结合后，产生的路线将是整体的最优路线。

（6）报警援救。在物流运输过程中有可能发生一些意外情况。当发生故障和一些意外情况时，GPS 可以及时地反映发生事故的地点，调度中心会尽可能地采取相应的措施来挽回和降低损失，增加运输的安全和应变能力。GPS 的投入使用为物流公司降低运输成本、加强车辆安全管理、推动货物运输有效运转发挥了重要作用。此外，GPS 的网络设备还能容纳上千车辆同时使用，跟踪区域遍及全国。物流企业导入 GPS 是物流行业以信息化带动产业化发展的重要一环，它不仅为运输企业提供信息支持，并且对整合货物运输资源、加强区域之间的合作具有重要意义。

（7）军事物流。GPS 首先是因为军事目的而建立的，在军事物流中，如后勤装备的保障等方面应用相当普遍。通过 GPS，可以准确掌握和了解各地驻扎的军队数量和要求，无论是在战时还是在平时，都能进行准确的后勤补给。

2. 网络 GPS

网络 GPS 是指在互联网上建立起来的一个公共 GPS 监控平台，它同时整合了卫星定位技术、移动通信技术以及国际互联网技术等多种科技成果。网络 GPS 综合了互联网与 GPS 的优势与特色，取长补短，突破了原来使用 GPS 所无法克服的障碍。

首先，网络 GPS 可以降低投资费用。物流运输公司无须对自身设置的监控中心进行大量投入，节省了配置各种硬件以及管理软件的费用。

其次，网络 GPS 一方面利用互联网实现无地域限制的跟踪信息显示；另一方面又可通过设置不同权限做到信息的保密。

（三）北斗卫星导航系统简介

中国北斗卫星导航系统（BeiDou Navigation Satellite System，BDS）是中国自行研制的全球卫星定位与通信系统。BDS 是与美国的全球定位系统（GPS）、俄罗斯的格洛纳斯（GLONASS）、欧盟的伽利略系统兼容共用的全球卫星导航系统，并称全球四大卫星导航系统，是联合国卫星导航委员会已认定的供应商。

北斗卫星导航系统致力于向全球用户提供高质量的定位、导航和授时服务，包括开放服务和授权服务两种方式。开放服务是向全球免费提供定位、测速和授时服务，定位精度 20 米，测速精度 0.2 米/秒，授时精度 10 纳秒。授权服务是为有高精度、高可靠卫星导航需求的用户提供定位、测速、授时和通信服务以及系统完好性信息。

2011 年 12 月 27 日起，北斗卫星导航系统提供连续导航定位与授时服务。

2013 年 12 月 27 日，北斗卫星导航系统正式发布了《北斗系统公开服务性能规范（1.0 版）》和《北斗系统空间信号接口控制文件（2.0 版）》两个系统文件。

2014 年 9 月 27 日，广州举行“羊城天盾－2014”城市人民防空演习，共设置 8 个演练科目组织实施并首次应用广州人防北斗卫星防空警报控制系统。

目前，中国正全面推进北斗卫星全球系统建设的技术攻关，目标是到 2020 年左右建成覆盖全球的北斗卫星导航系统。

五、物联网

（一）物联网概述

1. 物联网的含义及特征

物联网（Internet Of Things，IOT），也称为 Web Of Things，即通过传感器、射频识别技术、全球定位系统、红外感应器、激光扫描器、气体感应器等各种装置与技术，实时对任何需要监控、连接、互动的物体或过程采集其声、光、热、电、力学、化学、生物、位置等各种需要的信息，与互联网结合形成的一个巨大网络。

物联网被视为是互联网的应用扩展，以用户体验为核心的创新是物联网发展的灵魂。物联网的目的是实现物与物、物与人、所有的物品与网络的连接，方便识别、管理和控制，它将与媒体互联网、服务互联网和企业互联网一起，构成未来的互联网。因而，与传统互联网相比，物联网有以下几个鲜明特征。

（1）物联网是各种感知技术的广泛应用。物联网上部署了海量的多种类型传感器，每个传感器都是一个信息源，不同类别的传感器所捕获的信息内容和信息格式不同。传感器获得的数据具有实时性，按一定的频率周期性地采集环境信息，不断更新数据。

（2）物联网是一种建立在互联网上的泛在网络。物联网技术的重要基础和核心仍旧是互联网，通过各种有线和无线网络与互联网融合，将物体的信息实时准确地传递出去。物联网上的传感器定时采集的信息需要通过网络传输，由于其数量极其庞大，形成了海量信息，在传输过程中，为了保障数据的正确性和及时性，必须适应各种异构网络和协议。

（3）物联网不仅提供传感器的连接，其本身也能够对物体实施智能控制。物联网将传感器和智能处理相结合，利用云计算、模式识别等各种智能技术、扩充其应用领域。从传感器获得的海量信息中分析、加工和处理出有意义的数据，以适应不同用户的不同需求，发现新的应用领域和应用模式。

2. 物联网的类型

（1）私有物联网（PrivateIOT）：一般面向单一机构内部提供服务。

（2）公有物联网（PublicIOT）：基于互联网（Internet）向公众或大型用户群体提供服务。

（3）社区物联网（CommunityIOT）：向一个关联的“社区”或机构群体提供服务。

（4）混合物联网（HybridIOT）：是上述的两种或以上的物联网的组合。

3. 物联网的覆盖范围

物联网构建了质量好、技术优、专业性强、成本低、满足客户需求的综合优势，持续为客户提供有竞争力的产品和服务，服务范围包括了智能家居、交通物流、环境保护、公共安全、智能消防、工业监测、个人健康等各种领域。联入物联网中的“物”需要满足以下条件：有数据传输通路、有一定的存储功能、有 CPU、有操作系统、有专门的应用程序、遵循物联网的通信协议、在世界网络中有可被识别的唯一编号。

实际上，物联网把新一代 IT 技术充分运用在各行各业之中，就是把感应器嵌入和装备到各相关物体中，然后将物联网与现有的互联网整合起来，实现人类社会与物理系统的整合，在这个整合的网络当中，存在能力超级强大的中心计算机群，能够对整合网络内的人员、机器、设备和基础设施实施实时的管理和控制。在此基础上，人类可以以更加精细和动态的方式管理生产和生活，达到“智慧”状态，提高资源利用率和生产力水平，改善人与自然间的关系。

4. 物联网的技术架构

从技术架构上来看，物联网可分为三层：感知层、网络层和应用层。

（1）感知层。感知层由各种传感器以及传感器网关构成，包括温度、湿度传感器、二维码标签、RFID 标签和读写器、摄像头、GPS 等感知终端。感知层的作用相当于人的眼耳鼻喉和皮肤等神经末梢，它是物联网识别物体、采集信息的来源，共主要功能是识别物体，采集信息。

（2）网络层。网络层由各种私有网络、互联网、有线和无线通信网、网络管理系统和云计算平台等组成，相当于人的神经中枢和大脑，负责传递和处理感知层获取的信息。

（3）应用层。应用层是物联网和用户（人、组织和其他系统）的接口，它与行业需求结合，实现物联网的智能应用。

（二）物联网在物流领域中的应用

物联网用途广泛，遍及智能交通、工业监测、环境监测、水系监测、政府工作、公共安全、智能消防、食品溯源、平安家居、老幼护理、个人健康、植物栽培等多个领域。物流业是最早接触物联网理念的行业，物联网的兴起也引发了物流信息化整合进入一个新的周期，信息技术的单点应用会逐步整合成一个体系，从而带来物流信息化的变革，推进物流系统的自动化、可视化、可控化、智能化、系统化、网络化的发展，形成智慧物流系统。

1. 物联网对物流的作用和影响

（1）物流作业的透明化、可视化管理。采用基于 GPS 技术、RFID 技术、传感技术等多种技术，在物流过程中实现实时车辆定位、运输物品监控、在线调度与配送可视化及管理。目前，有的物流公司或企业建立了 GPS 智能物流管理系统，有的公司建立了食品冷链的车辆定位与食品温度实时监控系统等，初步实现了物流作业的透明化、可视化管理。

（2）物联网助推智能化物流配送中心的形成。基于传感器、RFID、声、光、机、电、移动计算等各项先进技术，建立全自动化的物流配送中心，构建物流作业的智能控制、自动化操作的网络，可实现物流与生产联动，实现商流、物流、信息流、资金流的全面协同。有些物流配送中心的信息与企业 ERP 系统无缝对接，整个物流作业与生产制造实现自动化、智能化，这都是物联网的初级应用。

（3）物联网支持智慧供应链的建设。物联网可以支持智慧物流和智慧供应链的后勤保障网络系统，在竞争日益激烈的市场环境下，对大量客户的个性化需求与订单做出相对准确的预测和判断。

（4）物联网推动基于智能配货的物流网络化公共信息平台建设。物流作业中手持终端产品的网络化应用等是目前很多地区推动的物联网在物流领域应用的模式。一些地区已经初步建立起物流公共信息平台，物联网将推动大型物流信息化项目的建设。

2. 物联网应用于物流的发展趋势

随着物联网理念的普及、技术的提升和政策的支持，未来的物联网将给物流业带来革命性的变化，智慧物流面临优良的发展契机，主要表现在：①智慧供应链与智慧生产融合；②智慧物流网络开放共享，融入社会物联网；③多种物联网技术集成应用于智慧物流；④物流领域物联网创新应用模式将不断涌现。

第五节　物流配送管理

一、物流配送概述

（一）物流配送的概念

配送是物流中一种特殊的、综合的活动形式，是商流与物流的紧密结合。配送几乎包括了所有的物流功能要素，是物流的一个缩影或在某小范围中物流全部活动的体现。

在中国国家标准《物流术语》中，配送（Distribution）是指在经济合理区域范围内，根据客户要求，对物品进行拣选、加工、包装、分割等作业，并按时送达指定地点的物流活动。

配送将商流和物流紧密结合起来，既包含了商流活动，也包含了物流活动中若干功能要素。配送是“配”和“送”有机结合的形式，是以满足客户的需求为出发点的，在正确的时间、正确的地点，将正确的商品送达正确的客户手中。如图 6－13 所示。

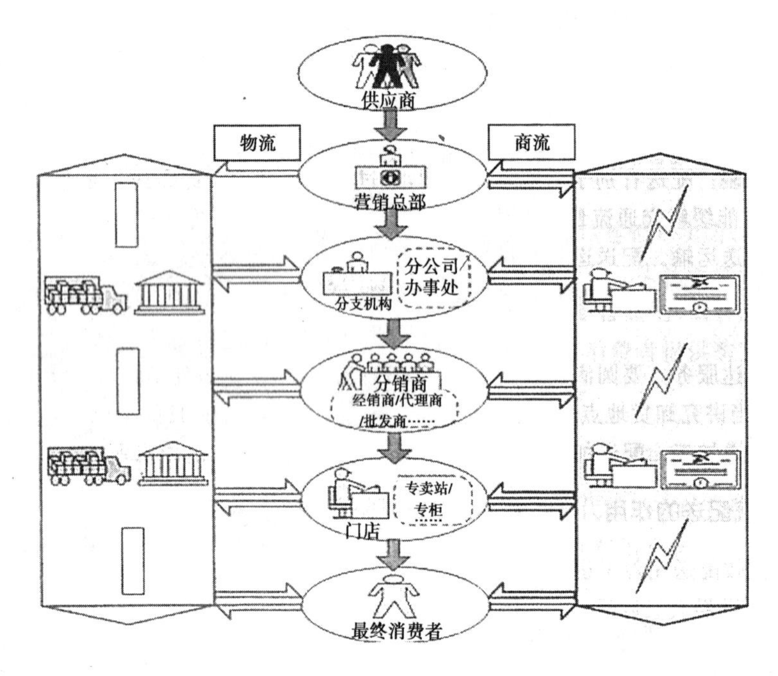

图 6－13　物流配送整合物流及商流

物流内涵的要点如下。

1. 配送强调时效性

配送不是简单的“配货”＋“送货”，它更加强调在特定的时间、地点完成交付活动，充分体现时效性。

2. 配送强调满足用户需求

配送从用户的利益出发，按用户的要求为用户服务。因此，在观念上必须明确“用户至上”“质量为本”。配送企业在与用户的关系中处于服务地位，在满足用户利益的基础上取得本企业的利益。

3. 配送强调合理化

对于配送而言，应当在时间、速度、服务水平、成本、数量等方面寻求最优。

4. 处于末端的线路活动

在一个物流系统中，线路活动不可缺少，有时可能有多个线路活动相互衔接，但如果有配送活动存在，则配送是处于末端的线路活动。

(二) 物流配送的基本环节

1. 集货

集货是将分散的或小批量的货物集中起来，以便进行运输、配送的作业。集货是配送的准备工作或基础工作，它通常包括制定进货计划、组织货源、储存保管等基本业务。

2. 分拣

它是将货物按品名、规格、出入库先后顺序进行分门别类的作业。分拣是配送不同于一般形式的送货以及其他物流形式的重要的功能要素，也是配送成败的一项重要的支持性工作。

3. 配货

配货是指使用各种拣选设备和传输装置，将存放的货物按客户的要求分拣出来，配备齐全，送入指定发货区（地点）。它与分拣作业不可分割，二者一起构成了一项完整的作业。

4. 配装

配送有别于一般性的送货，通过配装可以大大提高送货水平、降低送货成本，同时，还能缓解交通流量过大造成交通堵塞、减少运次、降低空气污染。

5. 配送运输

配送运输属于运输中的末端运输、支线运输。它和一般运输形态的主要区别在于：配送运输是较短距离、较小规模、较高频度的运输形式，一般使用汽车作为运输工具。

6. 送达服务

要圆满地实现运到货的移交，并有效地、方便地处理相关手续并完成结算，还应当讲究卸货地点、卸货方式等。送达服务也是配送独具的特色。

7. 配送加工

配送加工是流通加工的一种，是按照客户的要求所进行的流通加工。

（三）物流配送的作用

1. 有效配送完善了运输及整个物流系统

第二次世界大战以后，由于大吨位、高效率运输力量的出现，使干线运输无论在铁路、海运或公路方面都达到了较高水平，长距离、大批量的运输实现了低成本化。但是，在所有的干线运输之后，往往都要辅以支线或小搬运，这种支线运输及小搬运成了物流过程的一个薄弱环节。这个环节和干线运输有许多不同的特点，如要求灵活性、适应性、服务性，致使运力利用往往不合理、成本过高等问题难以解决。采用配送方式，从范围来讲，将支线运输及小搬运统一起来，加上上述的各种优点使输送过程得以优化和完善。

2. 配送促进了生产方式的变革

（1）配送促进精细生产和敏捷制造。精细生产从企业的整体出发，合理配置资源，科学安排生产过程，保证质量，消除一切不能增加效用价值的活动。精细生产方式要求原材料、零部件实行准时采购、使原材料、在制品和产成品的库存向零靠近。为了满足精细生产的要求，必须实行小批量、多批次、具有多功能服务的准时制配送。

敏捷制造是指为了适应市场的变化和用户的不同要求而做出快速、灵敏和有效反应的一种生产方式。敏捷制造以全球通信网络为基础，采用虚拟企业的组织形式，将生产企业生产所需的零部件与代理商、用户紧密地联系在一起，及时了解市场需求变化，进行新产品的开发、设计和制造。产品变化越快，对零部件的配送要求也越高。

（2）配送使企业实现低库存或零库存。实现了高水平的配送之后，尤其是采取准时配送方式之后，生产企业可以完全依靠配送中心的准时配送而无须保持自己的库存。或者生产企业只需保持少量保险储备而不必留有经常储备，这就可以实现生产企业多年追求的“零库存”，将企业从库存的包袱中解脱出来，同时解放出大量储备资金，从而改善企业的财务状况。

实行集中库存，集中库存的总量远低于不实行集中库存时各企业分散库存之总量。同时增加了调节能力，也提高了社会经济效益。此外，采用集中库存时可利用规模经济的优势，使单位存货成本下降。

3. 提高了末端物流的效益

采用配送方式，通过增大经济批量来达到经济进货，又通过将各种商品用户集中一起进行一次发货，代替分别向不同用户小批量发货来达到经济发货，使末端物流经济效益提高。

4. 现代配送促进了零售业态的发展

如今，零售业态发展最具代表性的是连锁店，包括连锁超市、连锁专卖店、连锁便利店等。连锁店实际是某种零售业态的联合体，目的是追求规模效益。实现连锁的重要条件之一是商品的合理配送，不仅能按时、保质保量地把商品送到零售点上，而且通过在配送中心的流通加工、分割、包装等作业更方便消费者购买，还能给消费者提供购买所需要的信息，更好地满足消费者的个性化需求，从而促进了商品的销售。

5. 简化手续、方便用户

采用配送方式，用户只需向一处订购，或和一个进货单位联系就可订购到以往需去许多地方才能订到的货物，只需组织对一个配送单位的接货便可代替原有的高频率接货，因而大大减轻了用户工作量和负担，也节省了订货、接货等一系列费用开支。

6. 配送为电子商务的发展提供了基础和支持

从商务角度来看，电子商务的发展需要具备两个重要的条件：一是货款的支付；二是货物的配送。网上购物无论如何方便快捷，如何减少流通环节，唯一不能减少的就是货物配送，尤其对于实物商品，配送服务如不能相匹配，网上购物就不能发挥其方便快捷的优势。

二、物流配送的分类

（一）按实施配送的节点不同进行分类

1. 配送中心配送

这种配送的组织者是配送中心，规模大，有一套配套的实施配送的设施、设备和装备等。

优点：具有能力强、配送品种多、数量大等。

缺点：灵活机动性较差，投资较高。

2. 仓库配送

一般是以仓库为据点进行的配送，也可以是以原仓库在保持储存保管功能前提下，增加一部分配送职能，或经对原仓库进行改造，使其成为专业的配送中心。

3. 商店配送

这种配送的组织者是商业或物资的门市网点。商店配送形式是除自身日常的零售业务外，按用户的要求将商店经营的品种配齐，或代用户外订外购一部分本店平时不经营的商品，和本店经营的品种配齐后送达用户。

4. 生产企业配送

配送业务的组织者是生产企业。一般认为这类生产企业具有生产地方性较强的产品的特点，如食品、饮料、百货等。

（二）按配送货物的种类和数量的多少进行分类

（1）单（少）品种大批量配送。这种配送适应于那些需要量大、品种单一或少品种的生产企业。

（2）多品种少批量配送。由于这种配送的特点是用户所需的物品数量不大、品种多，因此在配送时，要按用户的要求，将所需的各种货物配备齐全，凑整装车后送达用户。

（3）配套成套配送。这种配送的特点是用户所需的物品是成套性的。

（三）按配送时间和数量的多少进行分类

（1）定时配送。这种配送是按规定的时间间隔进行配送，每次配送的品种、数量可按计划执行，也可以在配送之前以商定的联络方式通知配送时间和数量。它可以区分为日配送和准时—看板方式配送。

（2）定量配送。它是指按规定的批量在一个指定的时间范围内进行配送。这种配送方式由于配送数量固定，备货较为简单，可以通过与用户的协商，按托盘、集装箱及车辆的装载能力确定配送数量，这样可以提高配送效率。

（3）定时定量配送。这种方式是按照规定的配送时间和配送数量进行配送，兼有定时配送和定量配送的特点，要求配送管理水平较高。

（4）定时定路线配送。它是在规定的运行路线上制定到达时间表，按运行时间表进行配送，用户可按规定路线站和规定时间接货，或提出其他配送要求。

（5）即时配送。这种配送是完全按用户提出的配送时间和数量随即进行配送，它是一种灵活性很高的应急配送方式。采用这种方式的物品，用户可以实现保险储备为零的零库存，即以即时配送代替了保险储备。

（四）按经营形式不同进行分类

1. 销售配送

这种配送主体是销售企业，或销售企业作为销售战略措施，即所谓的促销配送型。这种配送的对象一般是不固定的，用户也不固定，配送对象和用户取决于市场的占有情况，因此，配送的随机性较强，大部分商店配送就属于这一类。

2. 供应配送

用户为了自己的供应需要采取的配送方式，它往往是由用户或用户集团组建的配送据点，集中组织大批量进货，然后向本企业或企业集团内若干企业配送。商业中的连锁商店广泛采用这种方式。这种方式可以提高供应水平和供应能力，可以通过大批量进货取得价格折扣的优惠，达到降低供应成本的目的。

3. 销售—供应一体化配送

这种配送方式是销售企业对于那些基本固定的用户及其所需的物品，在进行销售的同时还承担着用户有计划的供应职能，既是销售者，同时又是用户的供应代理人。这种配送有利于形成稳定的供需关系，有利于采取先进的计划手段和技术，有利于保持流通渠道的稳定等。

4. 代存代供配送

这种配送是用户把属于自己的货物委托配送企业代存、代供或委托代订，然后组织对本身的配送。这种配送的特点是货物所有权不发生变化，所发生的只是货物的位置转移，配送企业仅从代存、代供中获取收益，而不能获得商业利润。

（五）按加工程度的不同进行分类

1. 加工配送

这种配送是与流通加工相结合，在配送据点设置流通加工，或是流通加工与配送据点组建一体实施配送业务。流通加工与配送的结合可以使流通加工更具有针对性，并且配送企业不但可以依靠送货服务、销售经营取得收益，还可以通过流通加工增值取得收益。

2. 集疏配送

这种配送只改变产品数量组成形式，而不改变产品本身的物理、化学性质并与干线运输相配合的配送方式，如大批量进货后小批量多批次发货或零星集货后形成一定批量再送货等。

（六）按配送企业专业化程度进行分类

1. 综合配送

这种配送的特点是配送的种类较多，且来源渠道不同，但在一个配送据点中组织对用户的配送，因此综合性强。同时，综合性配送的特点决定了它可以减少用户为组织所需全部商品进货的负担，只需和少数配送企业联系，便可以解决多种需求。

2. 专业配送

它是按产品性质和状态划分专业领域的配送方式。这种配送方式由于自身的特点，可以优化配送设施，合理配备配送机械、车辆，并能制定适用合理的工艺流程，以提高配送效率。

（七）共同配送

共同配送是为了提高物流效益，对许多用户一起配送，以追求配送合理化为目的的一种配送形式。共同配送可分为以下几种形式。

（1）由一个配送企业综合各用户的要求，在配送时间、数量、次数、路线等方面的安排上，在用户可以接受的前提下，做出全面规划和合理计划，以便实现配送的优化。

（2）由一辆配送车辆混载多货主货物的配送，这是一种较为简单易行的共同配送方式。

（3）在用户集中的地区，由于交通拥挤，各用户单独配置按货场或处置场有困难，而设置的多用户联合配送的接收点或处置点。

（4）在同一城市或同一地区中有数个不同的配送企业，各配送企业可以共同利用配送中心、配送机械装备或设施，对不同配送企业的用户共同实行配送。

三、电子商务物流配送管理

（一）电子商务物流配送概述

1. 电子商务物流配送的含义

电子商务中的物流配送是指物流配送企业采用网络化的计

算机技术和现代化的硬件设备、软件系统及先进的管理手段，针对社会需求，严格、守信的按用户的订货要求，进行一系列的分类、编配、整理、分工、配货等理货工作，定时、定点、定量地交给没有范围限制的各类用户，满足其对商品的需求，即信息化、现代化、社会化的物流配送，也可以说是一种新型的物流配送。

电子商务物流配送定位在为电子商务的客户提供服务，根据电子商务的特点，对整个物流配送体系实行统一的信息管理和调度，按照用户订货要求，在物流基地进行理货工作，并将配好的货物送交收货人的一种物流方式。这一先进的、优化的流通方式对流通企业提高服务质量、降低物流成本、优化社会库存配置，从而提高企业的经济效益及社会效益具有重要意义。

2. 电子商务物流配送的特征

（1）信息化。通过网络使物流配送信息化。实行信息化管理是新型物流配送的基本特征，也是实现现代化和社会化的前提保证。

（2）网络化。物流网络化有两层含义，一是物流实体网络化，即物流企业、物流设施、交通工具、交通枢纽在地理位置上的合理布局而形成的网络；二是物流信息网络化，即物流企业、制造业、商贸企业、客户等通过互联网等现代信息技术连接而成的信息网。

（3）现代化。电子商务的物流配送必须使用先进的技术设备为销售提供服务，提高配送的反应速度，缩短配送时间。

（4）社会化。社会化程度的高低是区别新型物流配送和传统物流配送的一个重要特征。电子商务下的新型物流配送突破了传统配送中心的局限性，具备真正的社会性。

（5）虚拟性。电子商务物流配送的虚拟性来源于网络的虚拟性。借助现代计算机技术，配送活动已由过去的实体空间拓展到虚拟空间，实体配送活动的各种职能和功能都可以在计算机上模拟，通过各种组合方式，寻求配送的合理化。

（6）实时性。虚拟性的特性不仅有助于决策者获得高效的决策信息支持，还可以实现配送信息的代码化、数据库化。通过建立信息系统和虚拟配送网络，企业可以实现对配送活动的全程实时监控和调整，使实体物流配送活动更加高效与合理。

（7）个性化。个性化配送是电子商务物流配送的重要特性之一。在电子商务环境下，配送企业能够完全按照客户的不同需求做到一对一的配送服务。这一特性开创了传统物流配送的新时代，它不仅使普通的大宗配送业务得到发展，而且还能够适应客户需求多样化的发展趋势和潮流。

（8）增值性。除了传统的分拣、备货、配货、加工、包装、送货等作业以外，电子商务物流配送的功能还向上游延伸到市场调研与预测、采购及订单处理，向下游延伸到物流咨询、物流方案的选择和规划、库存控制决策、物流教育与培训等附加功能，从而为客户提供更多具有增值性的物流服务。

3. 电子商务物流配送对传统物流配送产生的影响

（1）给传统的物流配送观念带来了深刻的变革。传统的物流配送企业需要置备大面积的仓库，而电子商务系统网络化的虚拟企业将散置在各地的分属不同所有者的仓库通过网络系统连接起来，使之成为“虚拟仓库”，进行统一管理和调配使用，服务半径和货物集散空间放大了。这样的企业在组织资源的速度、规模、效率和资源的合理配置方面都是传统的物流配送企业所不可比拟的。

（2）网络对物流配送实时控制代替了传统的物流配送管理程序。传统的物流配送过程是由多个业务流程组成的，受人为因素和时间的影响很大，网络的应用可以实现对整个过程的实时监控和实时决策。新型的物流配送业务流程由网络系统连接，当系统的任何一个神经末端收到一个需求信息时，该系统都可以在极短的时间内做出反应，并可以拟定详细的配送计划，通知各环节开始工作。这一切工作都是由计算机根据人们事先设计好的程序自动完成的。

（3）网络缩短了物流配送的时间。物流配送的持续时间在网络环境下会大大缩短，对物流配送速度提出了更高的要求。在传统的物流配送管理中，由于信息交流的限制，完成一个配送过程的时间比较长，但这个时间随着网络系统的介入会变得越来越短，任何一个有关配送的信息和资源都会通过网络在几秒钟内传到有关环节。

（4）网络系统的介入简化了物流配送过程。计算机系统管理可以使整个物流配送管理过程变得简单和容易，网络上的营业推广可以使用户购物和交易过程变得更有效率、费用更低。由于网络的出现，信息不对称所带来的盈利机会越来越少，任何投机取巧的机会都会在信息共享的条件下化为乌有，只有具有真正的创新和实力才能获得超额利润。

（二）电子商务物流配送中心

1. 物流配送中心的概念和功能

配送中心是物流系统中不可缺少的一个环节，它从上游的产品提供者那里接收商品，然后对接收到的商品进行处理、加工等一系列操作，再按照下游用户的需要，给予用户满意、高效、及时的服务，从而使整个系统成为一个有机的结合体。配送中心的功能包括以下几个方面。

(1) 运输功能。物流中心需要自己拥有或租赁一定规模的运输工具，具有竞争优势的物流中心不只是一个点，而是一个覆盖全国的网络。因此，物流中心首先应该负责为客户选择满足客户需要的运输方式，然后具体组织网络内部的运输作业，在规定的时间内将客户的商品运抵目的地。除了在交货点交货需要客户配合外，整个运输过程，包括最后的市内配送都应由物流中心负责组织，以尽可能方便客户。

(2) 储存功能。物流中心需要有仓储设施，但客户需要的不是在物流中心储存商品，而是要通过仓储环节保证市场分销活动的开展，同时尽可能地降低库存占压的资金，减少储存成本。因此，公共型物流中心需要配备高效率的分拣、传送、储存、拣选设备。

(3) 装卸搬运功能。这是为了加快商品在物流中心的流通速度必须具备的功能。公共型的物流中心应该配备专业化的装载、卸载、提升、运送、码垛等装卸搬运机械，以提高装卸搬运作业效率，减少作业对商品造成的损毁。

(4) 包装功能。物流中心的包装作业目的不是要改变商品的销售包装，而在于通过对销售包装进行组合、拼配、加固，形成适于物流和配送的组合包装单元。

(5) 流通加工功能。主要目的是方便生产或销售，公共物流中心常常与固定的制造商或分销商进行长期合作，为制造商或分销商完成一定的加工作业。物流中心必须具备的基本加工职能有贴标签、制作并粘贴条形码等。

(6) 物流信息处理功能。由于物流中心现在已经离不开计算机，因此将在各个物流环节的各种物流作业中产生的物流信息进行实时采集、分析、传递，并向货主提供各种作业明细信息及咨询信息，这对现代物流中心是相当重要的。

除此之外，一些物流中心还具备以下增值性功能。

①结算功能。物流中心的结算功能是物流中心对物流功能的一种延伸。物流中心的结算不仅仅只是物流费用的结算，在从事代理、配送的情况下，物流中心还要替货主向收货人结算货款等。

②需求预测功能。自用型物流中心经常负责根据物流中心商品进货。出货信息来预测未来一段时间内的商品进出库量，进而预测市场对商品的需求。

③物流系统设计咨询功能。公共型物流中心要充当货主的物流专家，因而必须为货主设计物流系统，代替货主选择和评价运输商、仓储商及其他物流服务供应商。国内有些专业物流公司正在进行这项尝试，这是一项增加价值、增加公共物流中心的竞争力的服务。

④物流教育与培训功能。物流中心的运作需要货主的支持与理解，通过向货主提供物流培训服务，可以培养货主与物流中心经营管理者的认同感，可以提高货主的物流管理水平，可以将物流中心经营管理者的要求传达给货主，也便于确立物流作业标准。

2. 物流配送中心的分类

(1) 按运营主体分类。

分类一，以制造商为主体的配送中心。

这种配送中心里的物品 100% 是由自己生产制造，用以降低流通费用、提高售后服务质量和及时地将预先配齐的成组元器件运送到规定的加工和装配工位。从物品制造到生产出来后条码和包装的配合等多方面都较易控制，所以按照现代化、自动化的配送中心设计比较容易，但不具备社会化的要求。

分类二，以批发商为主体的配送中心。

批发是物品从制造者到消费者手中之间的传统流通环节之一，一般是按部门或物品类别的不同，把每个制造厂的物品集中起来，然后以单一品种或搭配向消费地的零售商进行配送。这种配送中心的物品来自各个制造商，它所进行的一项重要的活动是对物品进行汇总和再销售，而它的全部进货和出货都是社会配送的，社会化程度高。

分类三，以零售业为主体的配送中心。

零售商发展到一定规模后，就可以考虑建立自己的配送中心，为专业物品零售店、超级市场、百货商店、建材商场、粮油食品商店、宾馆饭店等服务，其社会化程度介于前两者之间。

分类四，以仓储运输企业为主体的配送中心。

这种配送中心有很强的运输配送能力，地理位置优越，可迅速将到达的货物配送给用户。它为制造商或供应商提供物流服务，而配送中心的货物仍属于制造商或供应商所有，配送中心只是提供仓储管理和运输配送服务。这种配送中心的现代化程度往往较高。

（2）按服务范围分类。

分类一，城市物流配送中心。

城市配送中心是以城市范围为配送范围的配送中心。由于城市范围一般处于汽车运输的经济里程，这种配送中心可直接配送到最终用户，且采用汽车进行配送，所以，这种配送中心往往和零售经营相结合，由于运距短，反应能力强，因而从事多品种、少批量、多用户的配送较有优势。

分类二，区域物流配送中心。

区域配送中心是以较强的辐射能力和库存准备，向省、全国乃至国际范围的用户配送的配送中心。这种配送中心配送规模较大，一般而言，用户也较大，配送批量也较大。而且，往往是配送给下一级的城市配送中心。虽然也零星配送给营业所、商店、批发商和企业用户，但不是主体形式。

（3）按服务功能分类。

分类一，仓储型配送中心。该类配送中心通常占地面积与库存规模较大，库存资源充足，着重于配送中心的储存这一传统功能。

分类二，流通型配送中心。该类配送中心起到一个集散中转地的作用，将需要配送的货物集中后，及时地配送到客户手中。配送中心面积不大，要求反应及时。

分类三，加工型配送中心。以流通加工为主要业务的配送中心。该类配送中心需要按照客户要求，对货物进行配组、加工，既出售商品也出售服务，加工可以为配送中心创造更多的额外价值。

3. 电子商务物流配送中心应具备的条件

（1）企业管理水平高。新型物流配送中心作为一种全新的流通模式和运作结构，其管理要实现科学化和现代化。只有通过科学的管理制度、现代化的管理方法和手段，才能确保物流配送中心基本功能和作用的发挥，从而保障相关企业和用户的整体效益的实现。科学的管理为流通管理的现代化、科学化提供了条件，促进了流通产业的有序发展。同时，还要加大对市场的监管和调控力度，使之有序化和规范化。

（2）合理配置物流人才。电子商务物流配送中心能否充分发挥其各项功能和作用，完成其应承担的任务，人才配置是关键。为此，新型物流配送中心必须配备数量合理、具有一定专业知识和较强组织能力、结构合理的决策人员、管理人员、技术人员和操作人员，以确保新型物流配送中心的高效运转。

（3）配备现代化装备和应用管理系统。电子商务物流配送中心面对成千上万的供应厂商和消费者以及瞬息万变的市场，承担着为众多用户配送商品和及时满足他们不同需要的任务，这就要求必须配备现代化装备和应用管理系统，具备必要的物质条件，尤其要重视计算机网络的应用。通过计算机网络可以广泛收集信息，及时进行分析比较，借助科学的决策模型迅速做出正确的决策，这是解决系统化、复杂化和紧迫性问题最有效的工具和手段。

第六节　农产品电商的冷链物流

农产品从生产到最终的消费完成之间经历的环节很多，时间也比较长，电子商务的涉足虽然为农业的发展起到很大的促进作用，但仍然存在无法改善的问题。这些问题主要包括物流成本居高不下、缺乏完善的冷链物流、农产品缺少标准化、经营过程中信任不足等几方面。

唐代大诗人杜牧的《过华清宫》中有一千古名句“一骑红尘妃子笑，无人知是荔枝来”。从这句唐诗可以看出唐玄宗对杨贵妃的宠爱，也从侧面反映出荔枝很难保鲜。唐朝没有发达的交通和专业的物流，这种昂贵的方法只能是皇宫贵族的专利。但是在现代社会，顺丰优选让远离荔枝产地的普通百姓也能品尝到鲜嫩的荔枝。

通过顺丰团队的专业操作，客户直接向荔枝生产者下单，生产者则根据需求量到产地采摘荔枝，运用顺丰的冷链物流把荔枝送到消费者手中，这个过程所需的全部过程不超过两天，可以保证荔枝的新鲜度。这种与电子商务结合的运营方式因满足了消费者对农产品质量的要求而大受欢迎，而把这种方式的概念范围扩大来看，指的就是农业电子商务。

美国作为技术和服务都位列全球之首的国家在农产品的物流服务上也刚刚起步，Amazon 作为其代表，正在发展名为 Amazon Fresh 的生鲜类农产品的物流运输，也就是说，不光是我国，以上问题在世界范围内都是农产品电子商务发展的巨大阻碍。

一、农产品电商的范畴

（一）主营食品类的电商

食品是供给消费者体力的物品（成品和原料都包括在内），在工业领域属于食品一类的是工业化食品，农业领域则是农副产品。工业化食品都经过了加工，这样食品就更容易存储和流通；农业副产品是没有经过加工的食品，包括在农林牧渔行业生产出的动植物食品。

（二）主营生鲜类的电商

生鲜类食品大部分属于农副产品，比如经常出现在人们餐桌上的海鲜类产品和肉奶蛋、谷物。大部分是农民从产地收获的食品。主营生鲜类食品的电商都知道，做好食品的保鲜工作是他们获得成功的核心。

（三）主营特产类的电商

这一类电商经营的是具有地方性特色的食品。

二、农产品电商的市场分析

中国是一个人口大国，食品为人们的生活必需品，食品行业在中国的市场非常巨大。我们可以通过中国食品工业协会的统计信息来分析中国的食品行业和农业电子商务的发展情况。

2012 年，我国食品工业的生产总值近 10 万亿元，占到国内

GDP 量的 1/5。而这一年总共有 2.45 万亿元的农副产品进入流通领域，但是，这些食品中只有 1% 左右是由电商经营的。

相对于服装和 3C 产品而言，农产品电子商务在整个农产品销售行业中所占的比重实在太少。据统计，17% 的服装销售是通过电子商务来完成的，而 3C 产品中也有约 15% 的业务由电子商务完成。电商在农业市场中有巨大的发展空间，发展前景广阔。

三、农业电子商务的三大问题

电子商务运营的方式实际上就是在网络上与潜在客户进行沟通交流，最终成功地将产品营销给客户而收取利润。它们借助网络平台和微博微信等方式来运营，但是，这种运营方式也并不是十全十美的，因为它只解决可以呈现在互联网上的问题，对于互联网之外的问题是没有办法解决的，对于经营环节多的农业来说，这个问题显得更加突出。就目前来说，农业电子商务存在三大问题：一是物流成本高，缺乏冷链物流；二是农产品电商的标准化程度低，进程缓慢；三是经营过程中信任不足。

（一）物流成本居高不下

让我们先看下农业电子商务中各电商的物流成本，我们发现，假设单价是 100 元，25% ~40% 的成本是物流成本，相比服装电商（5 元左右）的物流成本，物流成本的高昂让农产品电商相比传统的超市分销模式变得缺少竞争力。

服装电商在物流中增加的成本大概是 5 元，但是农产品电商的物流成本能达到 25 ~40 元。所以，与传统农产品经营模式相比，农产品电商经营大幅度提高了产品的成本，这打击了部分农产品电商的积极性。

表 6-1　不同农产品电商平台的物流对比

平台	模式	物流方式	物流成本	备注
顺丰优选	购销电子商务	自建冷链	>40 元/单	全新冷链体系，质量有保证，但是成本高
淘宝生态农业	电子商务平台	商家自己解决		
中粮我买网	购销	自建普货体系	>25 元/单	质量不容易保证
多利农庄	农场基地	外包冷链	25 元/单	
京东	电子商务平台	商家自己解决		
其他		自送	>30 元/单	部分外包给普货物流

从冷藏条件来分析一下中国目前的物流情况。美国的冷藏车总数为 60 万辆，标准是每 500 人配备一辆，而日本的标准是每 400 人配备一辆冷藏车，如果以这两个国家的标准来估算中国的冷藏车总数，那么中国的冷藏车数量应该在 300 万辆以上，可是实际情况呢？只有 4 万辆。

中国的农产品得不到物流的支持，冷链物流的匮乏严重影响了农产品的流通，即使那些能够成功运送到市场上的农产品也因为质量的下降、成本的增加而导致商家的利润提升困难。有数据指出，中国每年的果蔬损耗率在 25% ~30%，一年 800 亿元的损失总额甚至能养活 2 亿人。

（二）农产品标准化程度低

顺丰优选、正大天地、天天果园等都为农产品电商提供了良好的网络运营渠道。但耐人寻味的是，在每个平台上进行的食品交易中，从国外引进的食品种类都多于40%。这反映了中国的许多农业产品是达不到市场要求的标准的。究其原因还是中国的农产品物流成本太高，这就提高了产品最终的市场价格，这样就把产品消费对象范围缩小为能够付得起价钱的那些高收入者（高端人群）。但是，对于这些追求生活质量的高收入者来说，价格水平相当的产品，从国外引进的比国内产品的质量更好一些。为了解决这个问题，我们就需要提高国内农产品的标准化程度。

中国地大物博，地形丰富多样，各个地区都有符合该地的特色农产品，仅从农产品的分类就可以看出中国农产品的多种多样。我们通常把农产品分为水果、蔬菜、肉、奶、蛋、海鲜等品类，海鲜产品还可以进一步细分（鱼、虾、蟹等）。不同的产地、养殖方式、保鲜手段、加工程度等都可以作为农产品的划分依据。

我们可以从以下 3 个方面衡量农产品的标准化程度。

（1）品质上的标准化。从农产品的生产地与原产地的距离、是否具备产品的认证、产品的经营过程是否统一达标等多方面的信息来衡量产品质量的标准化程度。

（2）工艺上的标准化。例如鱼以怎样的形态在市场上出售，是卖鱼块还是鱼肉的肉末等。

（3）规格上的标准化。在商品的重量上可以进行标准的层次划分（100g、300g、500g），产品在包装的精致程度上也有区别，这些都需要商家根据自己的情况和市场情况来定。

目前我国在农产品品质的衡量上没有统一的标准，这是一个制度性的问题，这个问题的解决恐怕还需要很长一段时间。

（三）信任不足

淘宝已经在解决电商产品的信任问题上有了一定的突破，

通过加强其控制力取得消费者的信任，例如淘宝电商产品的假货赔款制度。但是农产品淘宝并不能完美地解决信任问题。

淘宝对于农产品的评价体系以及农产品销售的信任体系建设仍存在不足。目前淘宝多通过导购的方式来销售各地域的特色农产品，例如其“特色中国”频道按照销售商品的地域特色，重新排列组合了那些销售该产品的淘宝店铺。但是这种导购制度存在很大的缺陷。例如，其销售商品中的余姚杨梅，作为地域特产，需求量较大，存在无数的店铺在销售，而消费者却难以分辨商品的真伪，更无法鉴别商品品质的优劣。

综上所述，农产品的电子商务建设还存在诸多问题及困难。要解决这些问题及困难，需要注意以下两个方面。

（1）要完备农产品销售在冷链等方面的基础设施建设，加大对这些方面的投资力度；

（2）农产品的生产者要提高自身素质，加强互联网销售能力的学习。

第七节 农产品批发市场电子商务系统应用

不同的农产品批发市场应用的电子商务系统不尽一致，但大体上有以下共同点。

一、设计思路与总体原则

（1）当农产品批发市场采用统一的电子商务平台进行交易时，必须使得参与各方能够在平等的基础上进行竞价交易，而不是像现在的弱者恒弱、强者恒强。所以，对于我国农产品批发市场的电子商务交易必须引入会员制，全部参与者都是会员，根据在交易中的地位会员拥有不同的权限。

（2）在引入会员制的基础上，对于交易的农产品必须设立完善的检验检测标准，农产品在进入交易时已经确定了相应的等级和质量，这可以使交易者不必看到现货就能进行交易。

（3）交易模式包含现货交易和远期交易。远期交易便于农民根据需求和价格进行生产调整，同时也可以使批发商和需求者能够及时调整操作策略，以实现交易畅通。

（4）交易规则为买卖双方竞价交易。竞价交易能形成公开、公平、公正的价格，提高经营效率，节约交易成本和体现社会供求关系。

（5）完善农产品批发交易中的电子商务交易监管和配套物流服务等。这样可以为农产品批发交易的顺利进行提供保障。

二、系统组成与结构框架

农产品批发市场电子商务整个系统由 3 个功能部分组成：一是会员管理，二是交易管理，三是交易辅助服务。

参与电子商务交易的会员根据其在交易中所担当的角色而具有不同的权限，但是对于全部会员来说，它们具有平等的市场主体资格。会员可根据其参与交易的次数、时长等划分为长期会员和临时会员。

三、主要功能与操作规程

（1）会员管理主要功能包括会员注册登记、会员档案管理、会员交易资格审核与监管。对于在市场交易中的销售方来说，需要审核产品的质量、等级、数量、产地、提供时间等；而对于购买方来说，需要审查他的信用或资金能力、购买需求。只有通过交易资格审核后，交易各方才能进入电子商务交易平台进行交易。这种方式保证了交易产品的质量等级和购买方的支付能力，规范了交易流程，可以保证交易的顺利进行。

（2）交易管理主要功能涉及交易发布和交易。在交易中，各方可以选择现货交易或期货交易，竞价方式可以采用拍卖竞价，出价高者获得产品。这样可以保证市场交易中农民一方具有较高的收益。

（3）交易辅助服务主要功能包括履约与支付、物流配送服务、交易监管等，保证交易的顺利进行。

四、开发平台与系统应用

开发平台可采用 J2EE 技术，数据库采用 Oracle 等大型关系数据库，开发工具采用 Borland J Builder 等。

系统应用三层 B/S 架构，即 Client/Application Server/DB Server 模式。其中由 DB Server 完成对交易产品和需求等信息的储存、管理等；Application Server 完成交易的中间操作管理；Client 完成会员客户的各种交易操作。对于非会员来说，可通过公用网络发布部分可公开的交易信息。

第七章　电子商务营销

第一节　网络营销概述

20世纪90年代以来，飞速发展的国际互联网促使网络技术应用呈指数增长，全球范围内掀起互联网的应用热潮，世界各大公司纷纷上网提供信息服务和拓展业务范围，积极改进企业内部结构，发展新的管理方法，抢搭这班世纪之车。随着网络技术的不断进步，电子商务的不断发展，网络营销逐渐成为一种崭新的营销方式并进入我们的日常生活。作为互联网起步最早的成功的商业应用，网络营销得到蓬勃和革命性的发展。

一、网络营销概念

网络营销是一种信息时代全新的营销方式，对传统经营观念产生了巨大的影响，使企业营销手段和内容发生着重大的变革。随着电子商务的蓬勃发展，网络营销不仅成为企业建立竞争优势的有力工具，还是企业谋求生存的基本条件，并将成为电子商务时期市场营销发展的大趋势。

目前，学术界对网络营销还没有统一的定义，不同的组织和专家学者，以不同的角度来理解网络营销。学术界一般认为，网络营销就是以国际互联网为基础，利用数字化的信息和网络媒体的交互性来辅助营销目标实现的一种新型的市场营销方式。

（一）广义的网络营销

广义地讲，网络营销就是以互联网为主要手段，为达到一定营销目标而开展的营销活动。网络营销贯穿于企业开展网上经营活动的全过程，从信息发布和信息收集到开展网上交易为主的电子商务阶段，网络营销是一项非常重要的内容。

（二）狭义的网络营销

狭义的网络营销，是指组织或者个人基于开放便捷的互联网络开展经营活动，从而达到满足组织或者个人需求的全过程。

我们认为，网络营销是企业以现代营销理论为基础，合理利用电子商务网络资源、技术和功能，实现营销信息的有效传递，最终满足客户需求，达到开拓市场、增加企业销售、提升品牌价值、提高整体竞争力为目标的经营过程。

网络营销是营销的最新形式，由网络媒介替代传统媒介，利用计算机网络技术对产品销售的各个环节进行跟踪服务，贯穿于企业经营的全过程，包括市场调查、客户分析、产品开发、销售策略、反馈信息等方面，并通过对市场的循环营销传播，满足消费者需求和商家需求的过程。

二、网络营销的产生与发展

网络营销的发展是伴随着信息技术、网络技术的发展而发展的。20 世纪 90 年代初，网络技术的发展和应用改变了信息传播方式，在一定程度上改变了人们生活、工作、学习、合作和交流的方式，促使互联网（Internet）在商业领域得到大量应用，掀起全球范围内应用互联网热潮，网络用户规模不断增长，商业效益越来越大。互联网的出现与飞速发展，以及可以带来的现实和潜在效益，促使企业积极利用新技术变革企业经营理念、经营组织、经营方式和经营方法，搭上技术发展的便车，推进企业快速发展。

对于顾客和营销者，网络营销带来的好处是显而易见的。对顾客而言，有随时随地、全天候订购产品的便捷性，公司、产品、竞争者、价格等方面无比丰富的可比信息，提供其他附加价值（如不出门、不用排队等待）等。对于营销者而言，一是可快速调整，适应市场环境。公司可以迅速增加产品供应，更改价格和规格；二是降低成本。通过互联网络进行信息交换、沟通，可以减少印刷与邮寄成本，可以无店面销售，免交租金，节约水电与人工成本，可以减少由于迂回多次交换带来的损耗；三是建立关系。网上营销者可以与消费者对话，了解他们；四是计算受众规模。营销者可以了解有多少人访问他们的网站，多少人停在网站上的哪个页面。这种信息可以用来改善供给和广告。而且，无论公司大小都可以运用网络营销，网络广告与平面媒体、广播媒体的广告相比，限制更少，网络上信息丰富而且更新、更快。在这样的历史背景下，在网络平台上开展营销活动，网络营销应运而生。

三、网络营销的特点

（一）跨时空

互联网可以超越时间约束和空间限制进行信息交换，使得营销可以脱离时空限制而进行交易，企业有了更多的时间和更大的空间进行营销，随时随地地提供全球性营销服务。

（二）交互式

互联网可以通过展示商品图像和商品信息资料，可以提供信息查询功能与顾客进行双向沟通。互联网还可以进行产品测试与消费者满意度调查等活动。互联网可以为产品设计、商品信息发布以及各项技术服务提供最佳工具。

（三）个性化

互联网上的促销是一对一的、理性的、消费者主导的、非强迫性的、循序渐进式的，而且是一种低成本与人性化的促销方式，避免了营销人员强势推销的干扰，并通过信息提供与交互式沟通，与消费者建者建立长期的、良好的关系。

（四）成长性

互联网使用者的数量快速成长并遍及全球，其使用者多为年轻的中产阶级，受教育水平较高，出于这部分群体的购买力强而且具有很强的市场影响力，因此网络营销是极具开发潜力的市场渠道。

（五）多媒体

互联网被设计成可以传输多种媒体的信息，如文字、声音和图像等信息，使得为达成交易进行的信息交换能以多种形式存在和交换，可以充分发挥营销人员的创造性和能动性。

（六）超前性

互联网是功能最强大的营销工具，它同时兼具渠道、促销、电子交易和互动顾客服务，以及市场信息分析等多种功能。它所具备的一对一营销能力正符合定制营销与直接营销的未来趋势。

（七）高效性

计算机可以储存大量的信息，供消费者进行查询，可传送的信息数量与精确度远超过其他媒体，并能根据市场需求及时地更新产品或者调整价格，因此能及时有效地了解并满足顾客的需求。

（八）经济性

以互联网为基础，企业一方面可以降低传统的印刷及快递成本，实现无店面销售，免交租金，节约水电与人工成本；另一方面可以减少由于迂回多次交换带来的损耗。企业能以最低的成本为顾客提供最合适的产品和服务。

四、网络营销对传统营销的影响

（一）对营销战略的影响

一方面，互联网具有平等、自由等特性，使得网络营销将降低大企业所拥有的规模经济优势，从而使小企业更易于参与竞争。另一方面，由于网络的自由、开放性，网络时代的市场竞争是透明的，竞争各方都能掌握竞争对手的产品信息与营销行为，因此胜负的关键在于如何适时获取、分析、运用这些自网络上获得的信息，来研究并采用极具优势的竞争策略。

（二）对营销组织的影响

互联网的蓬勃发展也带动了企业内部信息网（Intranet）的发展，使得企业内外沟通与经营管理均需要依赖网络，并将其作为主要的沟通渠道与信息来源，从而使得业务人员与直销人员减少、组织层次减少、经销代理与门市分店数量减少、渠道缩短，而虚拟经销商、虚拟门市、虚拟部门等企业内外部虚拟组织盛行。这些影响与变化，都将促使企业对于组织再造工程（Reengineering）的需要变得更加迫切。

第二节　网络营销策略

网络营销策略是企业根据内身在市场中所处的地位不同而

采取的一系列网络营销组合，它包括产品策略、价格策略、促销策略和渠道策略四个方面。在从事网络营销的过程中，可以通过市场调研对网络消费者购买行为的内在心理因素和外在影响因素进行详尽的分析，并对目标市场进行细分，在细分的基础上准确定位网络营销的目标市场，据此制定并实施营销组合策略。

一、网络营销产品策略

网络营销与传统营销一样，在虚拟的互联网市场上，营销者必须以各种产品，包括有形产品和无形产品的销售来实现企业的营销目标。

由于网络的虚拟性，顾客在利用网络订购产品之前，无法直接接触和感受产品，限制了产品的网络营销。因此，企业一方面要掌握网络营销产品的分类；另一方面还要采取正确的产品策略。

（一）网络营销产品的分类

在网络营销中，按照产品所呈现的形态不同，网络营销产品分为两大类，即实体产品和虚拟产品。

1. 实体产品

实体产品是指有具体物理形状的产品，即有形产品。在网络上销售实体产品的过程与传统的销售方式有所不同，没有传统的面对面的交易，消费者通过卖方的网上销售页面选择产品，通过填写订单确定所选购产品的品种、质量、价格、数量等；而卖方则将面对面的交货改为邮寄、快递等方式，由现代物流帮助实现产品实体的转移。

2. 虚拟产品

虚拟产品即无形的产品和服务，网络营销中的虚拟产品可以分为两类，即软件和服务。软件包括系统软件和应用软件，其中，游戏类软件成为近几年网络畅销的软件产品。服务可以分为普通服务、信息咨询服务和网络营销服务等。由于互联网在数据信息传递方面的显著优势，企业能够极为便利地在网上提供软件和信息服务，开展虚拟产品销售。

（二）网络营销产品的选择

从理论上来说，任何形式的产品都可以进行网络营销，但是，受到消费者的偏好、个性化需求及物流等诸多因素的影响，企业在选择网上销售的产品时，应考虑到以下几个问题。

1. 要充分考虑产品自身的性能

根据信息经济学的理论，产品可以分为两大类，一类是可鉴别性产品，即消费者在购买时就能确定或评价其质量的产品，如书籍、电脑等，这类产品的标准化程度较高；另一类是经验性产品，即消费者只有在试用后才能确定或评价其质量的产品，如服装、食品等。一般说来，可鉴别性产品或标准化程度较高的产品易于网络营销，而经验性产品则难以实现大规模的网络营销。因此，在进行网络营销时，企业可以将可鉴别性高或标准化程度高的产品作为首选的对象。

2. 要充分考虑实体产品的营销范围及物流配送状况

虽然网络营销的开展不受地域的限制，但是，当消费者购买后由于无法配送而导致购物活动失败，将会对企业造成负面的影响。因此，企业必须考虑在合理的物流成本的基础上选择合适的产品和服务的营销范围。

3. 要考虑产品的市场生命周期

网络环境中产品的市场寿命缩短，这对企业的产品研发提出了更高的要求。与此同时，企业能够通过网络迅速、及时地了解和掌握消费者的需求状况，因此，企业应特别重视产品在试销期、成长期和成熟期营销策略的研究，选择最佳时机实施合适的产品策略。

（三）产品销售服务策略

在网络营销中，服务是构成产品营销的一个重要组成部分。提供良好的服务是实现网络营销的一个重要环节，也是提高用户满意度和树立良好形象的一个重要方面。

企业在进行网络营销时，可采取以下几个方面的服务策略。

1. 建立完善的数据库系统

以消费者为中心，充分考虑消费者所需服务以及所有可能需求的服务，建立完善的数据库系统。

2. 提供网上的自动服务系统

依据客户的需要，自动、适时地通过网络提供服务。例如，消费者在购买产品的一段时间内，提醒消费者应注意的问题。同时，也可根据不同消费者的不同特点，提供相关服务，如提醒客户有关家人的生日时间等。

3. 建立网络消费者交流平台

通过交流平台对消费者的意见、建议进行调查，借此收集、掌握和了解消费者对产品特性、品质、包装及样式的意见和想法，据此对现有产品进行升级，同时研究开发新产品，满足消费者的个性化需求。

二、网络营销价格策略

价格策略是企业营销的一种重要竞争手段。营销价格的形成受到产品成本、供求关系以及市场竞争等因素的影响，在进行网络营销时，企业应特别重视价格策略的运用，以巩固企业在市场中的地位，增强企业竞争力，网络营销的价格策略主要有以下几种。

（一）满足用户需求的定价策略

企业根据消费者和市场的需求来计算满足这种需求的产品和成本，根据需求进行产品及功能的设计，从而计算产品的生产和商业成本，根据市场可以接受的性能价格比而制定产品的销售价格。这种价格策略正在网络营销中得以充分的运用。网络市场环境中，传统的以生产销售成本为基础的定价正在被淘汰，用户的需求已成为企业进行产品开发、制造以及开展营销活动的基础，也是企业制定其产品价格时首先必须考虑的最主要因素。

（二）低价定价策略

网络营销可以帮助企业降低流通成本，因此，网上商品定价可以比传统营销定价低。直接低定价就是在定价时采用成本加少量利润，甚至是零利润来定价，所以这种定价一开始就比同类产品定价低。

（三）折扣定价策略

商品打折销售对消费者具有相当大的诱惑力。不少电子商场采用打折销售的方式来扩大知名度，客观上起到了广告的效应。折扣定价可对某些商品直接打折，也可按购买量标准给予不同的折扣，还可采用季节打折的方法。

（四）等价定价策略

在网上销售数量不是很大的情况下，网络零售企业为了尝试网上营销的经验，可能采取等价策略，即在网上销售的商品价格与在传统商店中的商品价格相等。

（五）智能型定价策略

网络零售企业可以通过网络与顾客直接在网上协商价格，如一些网站设置洽谈室让买卖双方在网上讨价还价，另有一些拍卖网站则通过网上定价系统来确定价格。

（六）个性化商品定价策略

网络营销的互动性使企业可以为顾客提供个性化的定制服务，即消费者对产品的外观、颜色、附件提出个性化的需求，企业按订单进行生产。这时企业提供了高附加值的服务，可实行较高价格的个性化商品定价策略。

（七）免费定价策略

将产品和服务以免费形式供顾客使用，它主要用于促销和推广产品，免费价格形式有以下几类：第一类是产品和服务完全免费，如新闻信息、无形软件产品，电子邮件、电子贺卡等；第二类是对产品和服务实行限制免费，即产品和服务可以被有限次使用，超过一定期限或次数后，取消这种免费服务；第三类是对产品和服务实行部分免费，全功能则要付费使用。

三、网络营销渠道策略

营销渠道是促使商品或服务顺利被使用或消费的一整套相互依存的组织和个人。它所涉及的是商品实体和所有权或者服务从生产向消费转移的整个过程。在这个过程中，起点是生产者，终点是消费者，位于两者之间的一些独立的中间商和代理商，他们帮助商品和服务的转移。网上市场作为一种新型的市场形式，同样存在着渠道选择问题，合理地选择网络分销渠道，分析、研究不同渠道的特点，合理地选择网络分销渠道不仅有利于企业的产品顺利地完成转移，促进产品销售，而且有利于企业获得整体网络营销的成功。

（一）网络直销渠道

网络直接销售，简称网络直销，是指生产厂商通过网络分销渠道直接销售产品，中间没有任何形式的网络中介商介入其中。网络直销流程如图7－1所示。

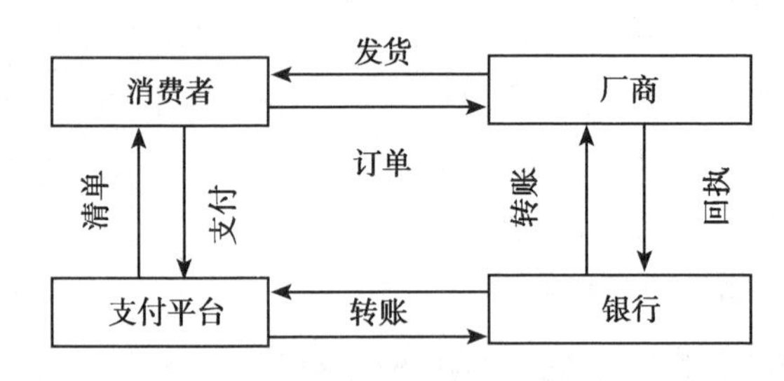

图7－1　网络直销流程

网络直销可以提高沟通效率，借助互联网，网络直销实现了企业与顾客的直接沟通，提高了沟通效率，使企业能够更好地满足目标市场需求。网络直销减少了营销人员的数量，降低了企业的营销成本和费用，从而降低产品的价格。同时，营销人员利用网络工具，例如，电子邮件、社区论坛、微博、微信等可以了解并满足顾客需要，有针对性地开展促销活动，提高了产品的市场占有率。

但是，网络直销也存在自身的不足，网络直销产品的信息沟通、所有权转移、货款支付和实体的流转等是相分离的，任何一个环节失误都将直接影响产品销售。当前我国市场化运作机制还不完善，社会信用体系还没有完全建立，特别是电子支付体系和物流系统还有待进一步发展。

（二）网络间接销售

网络间接销售渠道是指网络营销者借助网络营销中间商的

专业网上销售平台发布产品信息，与顾客达成交易协议。网络营销中间商是融入互联网技术后的中间商，具有较强的专业性，能够根据顾客需求为销售商提供多种销售服务，并收取相应费用。目前，高技术、专业化、单一中间环节的电子中间商大大提高了网上交易效率，并对传统中间商产生了冲击。

电子中间商在搜索产品、提供产品信息服务和虚拟社区等电子服务方面具有明显优势，但在产品实体分销方面却难以胜任。目前，电子中间商主要提供信息服务和虚拟社区中介功能，其类型有以下几种。

1. 目录服务

目录服务商对互联网上的网站进行分类并整理成目录的形式，使用户能够方便地找到所需要的网站。

2. 搜索引擎服务

与目录服务商不同，搜索引擎站点为用户提供大量的基于关键词服务的检索服务，如谷歌、百度等站点，用户可以利用这类站点提供的搜索引擎对互联网进行实时搜索。

3. 网络出版

网络信息传输的及时性和交互性特点，使网络出版 Web 站点能够向顾客提供大量有趣或有用的信息，满足顾客的需求。丰富的信息内容和免费服务促进了该类网站的发展。

4. 网络零售商

网络零售商同传统零售商一样，通过购进各种商品，然后把这些商品直接销售给最终消费者，从中赚取差价。由于在网上开店的费用较低，因而网络零售商店的固定成本显然低于同等规模的传统零售商店，另外，网络零售商的每一笔业务都是通过计算机自动处理，节约了人力，降低了成本。

5. 电子支付

电子支付系统是实现网上交易的重要组成部分。电子支付工具从其基本形态上看，是电子数据，它以金融电子化网络为基础，通过计算机网络系统以传输电子信息的方式实现支付功能。

6. 虚拟市场

虚拟市场是指为厂商或零售商提供建设和开发网站的服务，并收取相应的服务费用，如服务器租用、销售收入提成等。

7. 网络统计机构

电子商务的发展也需要其他辅助性的服务，比如，网络广告商需要了解有关网站访问者特征，不同的网络广告手段的使用率等信息，网络统计机构就是为用户提供互联网统计数据的机构，如我国的CNNIC。

8. 网络金融机构

网络金融机构就是为网络交易提供专业性金融服务的金融机构。现在国内外有许多只经营网络金融业的网络银行，大部分的传统银行开设了网上业务，特别是近年来还出现了不少第三方网络支付企业，专门代理进行网络交易的支付业务，为网络交易提供专业性金融服务。

9. 智能代理

智能代理（Intelligent Agent）是利用专门设计的软件程序，根据消费者的偏好和要求预先为消费者自动进行所需信息的搜索和过滤服务的提供者。智能代理软件在搜索时还可以根据用户自己的喜好和别人的搜索经验自动学习、优化搜索标准。对于那些专门为消费者提供购物比较服务的智能代理，又称为比较购物代理、比较购物引擎、购物机器人等，而且在此基础上还产生了一种新的电子商务模式即比较电子商务，由于其先进性，使一些采用这一模式的网站迅速发展，成为众多消费者经常访问的站点，这从一个侧面反映了这种服务对消费者的价值。

四、网络营销促销策略

网络促销是指利用现代化的网络技术向虚拟市场传递有关产品和服务的信息，以启发需求，引起消费者购买欲望和购买行为的各种活动，从而实现其营销目标。

（一）网络促销的特点

（1）网络促销通过网络技术传递信息。网络促销是通过网络技术传递产品和服务的存在、性能、功效及特征等信息的。它是建立在现代计算机与通信技术基础之上的，并且随着计算机和网络技术的发展而不断改进。因此，网络促销不仅需要营销者熟悉传统的营销技巧，而且需要相应的计算机和网络技术知识，包括各种软件的操作和某些硬件的使用。

（2）网络促销是在虚拟市场上进行的。互联网是一个媒体，是一个连接世界各国的大网络，它在虚拟的网络社会中聚集了广泛的人口，融合了多种文化成分。所以从事网上促销的人员需要跳出实体市场的局限性，采用虚拟市场的思维方法。

（3）互联网虚拟市场是全球性的。互联网虚拟市场的出现，将所有企业，不论是大企业还是中小企业，都推向了一个世界统一的市场。传统区域性市场的小圈子正在被一步步地打破，全球性竞争迫使每个企业都必须学会在全球统一的大市场上做生意，否则，这个企业就会被淘汰。

（二）网络促销的形式

1. 网络营销站点推广

站点推广是指企业通过对网络营销站点的宣传推广来吸引

顾客访问，树立企业网上品牌形象，促进产品销售。站点推广是一项系统性的工作，需要企业制订推广计划，并遵守效益/成本原则、稳妥慎重原则和综合性实施原则。

目前，站点推广主要采取搜索引擎注册、建立链接、发送电子邮件、发布新闻、提供免费服务、发布网络广告等方式。根据网站的特性，采取不同的方法能提高站点的访问率。

2. 网络广告

网络广告是指广告主以付费的方式运用网络媒体传播企业或产品信息，宣传企业形象。作为广告，网络广告也具有广告的五大要素，即广告主、广告费用、广告媒体、广告受众和广告信息。网络广告的类型很多，根据形式的不同可以分为旗帜广告、电子邮件广告、文字链接广告等。

3. 网上销售促进

销售促进是一种短期的宣传行为。网上销售促进与传统促销方式比较类似，是指企业利用有效的销售促进工具来刺激顾客增加产品购买和使用。网上销售促进主要有以下几种形式。

（1）有奖促销。有奖促销是指企业对在约定时间内购买商品的顾客给予奖励。有奖促销的关键是奖项对目标市场增加购买具有吸引力。同时，有奖促销能帮助企业了解参与促销活动的群体的特征、消费习惯和对产品的评价。

（2）打折促销。打折促销是指网络促销活动方为显示网络销售低价优势以激励网上购物，也为调动本网站购物的积极性，烘托网站的购物气氛以促进整体销售而采取的对所销售全部或部分产品同时标出原价、折扣率或折扣后价格的促销策略。

（3）返券促销。返券促销就是网上商店在商品销售过程中推出的“购×元送×元购物券”的促销方式。购物返券的实质是商家让利于消费者的变相降价，返券促销的目的是鼓励顾客在同一商场重复购物。

（4）电子优惠券促销。当某些商品在网上直接销售有一定的困难时，便结合传统营销方式，从网上下载、打印电子优惠券或直接通过手机展示优惠券，到指定地点购买商品时可享受一定优惠，或以所选择打印的电子优惠券上约定的优惠价格购买优惠券所指定的商品。

（5）赠品促销。赠品促销在网络促销中的应用不多。在新产品上市推广、产品更新、应对竞争、开辟新市场等活动中，利用赠品促销可以达到较好的促销效果。

赠品促销的优点包括：提升品牌和网站的知名度，鼓励人们经常访问网站以获得更多的优惠信息，根据目标顾客索取赠品的热情程度，总结分析营销效果和产品本身的反馈情况等。

（6）积分促销。积分促销是指企业在网站上预先制定积分制度，根据网站会员在网上的购物次数、购物金额或参加活动的次数来增加积分，激发其参与活动的兴趣。企业通过积分促销，能够与客户建立长期的关系。

第三节 网络营销常用方法

企业要进行网络营销，应当配备具有一定计算机网络知识和市场营销能力的复合型人才。单纯依赖于只具有传统市场营销能力的人才或只依靠计算机人才都是不可取的。

企业在具有兼备网络建设能力和市场营销能力的复合型人才后，整合企业资源，在企业原有市场营销的基础上，建设自己的营销网站，根据企业的发展定位，目标市场，企业的品牌形象等各要素制定合适的营销策略。以下是网络营销开展过程可供借鉴参考的常用方法。

一、搜索引擎营销

搜索引擎营销分为 SEO（Search Engine Optimization，搜索引擎优化）和 PPC（Pay Per Click，点击付费广告）两种。

SEO 是较为流行的网络营销方式，它通过对网站结构、高质量的网站主题内容、丰富而有价值的相关性外部链接进行优化而使网站对搜索引擎及用户更加友好，以获得在搜索引擎上的优势排名。搜索引擎营销的主要目的是增加特定关键字的曝光率以增加网站的能见度，进而增加销售的机会。通俗的理解是：通过总结搜索引擎的排名规律，对网站进行合理优化，使企业的网站在百度和谷歌的排名提高，让搜索引擎给企业带来客户。

PPC 是指购买搜索结果页面的广告位来实现营销目的，各大搜索引擎都推出了自己的广告体系。搜索引擎广告的优势是相关性，由于广告只出现在相关搜索结果或者相关主题网页中，搜索引擎广告比传统广告更加有效，客户转化率更高。

二、博客营销

所谓博客营销，也称拜访式营销，它是基于博客这种网络应用形式的营销推广。企业通过博客这种平台向目标群体传递有价值的信息，最终实现营销目标的传播推广过程。博客作为一种新的营销平台，其核心是互动、身份识别和招展。博客的优点在于针对性强、性价比高、更容易抓住目标群体的眼球。

博客自 2002 年引入中国以来，发展迅猛。据中国互联网络信息中心（CNNIC）数据显示，截至 2014 年 6 月，博客应用在网民中的用户规模达到 44 430 万人，使用率为 69.4%。博客不仅是网民参与互联网互动的重要体现，也是网络媒体信息渠道之一。博客以其真实性与交互性成为越来越多的网民获取信息的主要方式之一。博客的巨大影响力也使越来越多的企业意识到博客的重要性，并逐渐参与到博客营销的热潮中来，通过博客来树立企业在网民心目中的形象。

从某种意义上说，企业博客营销是站在“巨人”肩膀上进行的营销。因为博客一般都是建在新浪、搜狐、网易、腾讯等大型门户网站的平台上或者博客园、中国博客网等专业的博客平台上。首先，这些平台本身就增加了网民对企业博客的信赖感。其次，一旦企业博客的内容被推荐到网站首页或者博客频道的首页，企业就会被更多的网民所关注。

三、微博营销

利用微博可以进行个人微博营销和企业微博营销。微博营销的营销技巧体现在以下10个方面。

（一）微博的数量不在于多而在于精

做微博时要讲究专注，因为一个人的精力是有限的，杂乱无章的内容只会浪费时间和精力，所以我们要做精，重拳出击才会取得好的效果。今天一个主题，明天一个主题，换来换去结果一个也做不成功。

（二）个性化的名称

一个好的微博名称不仅便于用户记忆，也可以取得不错的搜索流量。这跟我们结网站取名类似，好的网站名称都是简洁、易记的。当然，企业如果准备建立微博，在微博上进行营销，那么可以取为企业名称、产品名称或者个性名称来作为微博的用户名称。

（三）巧妙地利用模板

一般的微博平台都会提供一些模板给用户，企业可以选择与行业特色相符合的风格，这样更贴切微博的内容。当然，如果企业有能力自己设计一套有自己特色的模板风格也是不错的选择。

（四）使用搜索检索，查看与自己相关的内容

每个微博平台都会有自己的搜索功能，我们可以利用该功能对自己已经发布的话题进行搜索，查看一下自己内容的排名榜，与别人微博的内容进行对比。企业可以看到微博的评论数量、转发次数，以及关键词的提到次数，这样可以了解微博带来的营销效果。

（五）定期更新微博信息

微博平台一般对发布信息的频率没有限制，但对于营销来说，微博的热度和关注度来自于微博的可持续话题，所以要不断制造新的话题，发布与企业相关信息，这样才可以吸引目标客户的关注。因为刚发的信息可能很快被后面的信息覆盖，所以要想长期吸引客户的注意，必须要对微博定期进行更新，这样才能保证微博的可持续发展。

（六）善于回复客户的评论

企业要及时查看并回复微博上客户的评论，在自身被关注的同时也去关注客户的动态，既然是互动，那就得相互动起来，才会有来有往。如果企业想获取更多的评论，就要以积极的态度去对待评论，回复评论也是对客户的一种尊重。

（七）灵活运用“#”与“@”符号

微博中发布内容时，两个间的文字是话题的内容，企业可

以在后面加入自己的见解。如果要把某个活跃用户引入，可以使用“@”符号，意思是“向某人说”，如“@微博用户欢迎您的参与”。在微博菜单中点击“@我的”，就能查看提到自己的话题。

（八）学会使用私信

与微博的文字限制相比较，私信可以容纳更多的文字。只要对方是企业的客户，企业就可以通过发私信的方式将更多的内容通知对方。因为私信可以保护收信人和发信人的隐私，所以当活动展开时，发私信的方法会显得更尊重客户一些。

（九）确保信息真实与透明

在搞一些优惠活动和促销活动时，当以企业的形式发布，要即时兑现，并公开得奖情况，获得客户的信任。微博上发布的信息要与网站上面一致，并且在微博上及时对活动进行跟踪报道，确保活动的持续开展，以吸引更多客户的加入。

（十）不能只发产品企业或广告内容

有的微博很直接，天天发布大量的产品信息或者广告宣传等内容，基本没有自己的特色。这种微博虽然别人知道企业是做什么的，但是绝不会加以关注。微博不是单纯广告平台，微博的意义在于信息分享，没兴趣是不会产品互动的。企业应当注意话题的娱乐性、趣味性和幽默感等。

四、微信营销

微信营销是现代一种低成本、高性价比的营销手段。与传统营销方式相比，微信营销主张通过“虚拟”与“现实”的互动，建立一个涉及研发、产品、渠道、市场、品牌传播、促销、客户关系等更“轻”、更高效的营销全链条，整合各类营销资源，达到了以小博大，以轻博重的营销效果。

微信“朋友圈”分享功能的开放，为分享式口碑营销提供了最好的渠道。微信用户可以将手机应用、PC 客户端、网站中的精彩内容快速分享到朋友圈中，并支持网页链接方式打开。

微信开放平台 + 朋友圈的社交分享功能的开放，已经使得微信作为一种移动互联网上不可忽视的营销渠道，而微信公众平台的上线，则使这种营销渠道更加细化和直接。通过一对一的关注和推送，公众平台方可以向“粉丝”推送包括新闻资讯、产品消息、最新活动等信息，甚至能够完成包括咨询、客服等功能，形成自己的客户数据库，使微信成为一个称职的 CRM 系统。目前，商家和媒体等可以通过发布公众号二维码，让微信用户随手订阅公众平台账号，然后通过用户分组和地域控制，平台方可以实现精准的消息推送，直指目标用户，再借助个人关注页和朋友圈，实现品牌的快速传播。

五、网络事件营销

网络事件营销，是指企业通过策划、组织或者利用具有名人效应、新闻价值以及社会影响的人物或者事件，通过网站发布，吸引媒体和公众的兴趣与关注，从而提高企业或者产品的知名度和美誉度，树立良好的品牌形象，最终达到促进企业销售的目的。

网络事件营销的本质是将企业新闻变成社会新闻，在引起社会广泛关注的同时，将企业或者产品的信息传递给目标受众。在互联网时代，不管企业有意还是无意，任何一起营销事件都必然会在网络媒体上再次传播，网络媒体的广泛传播也推动着事件进一步聚焦成为公众关注的热点。因此，从某种意义上说，互联网时代几乎所有的事件营销都属于网络事件营销。

网络事件营销的最大特点是成本低、见效快，相当于“花小钱，办大事”。随着市场竞争的升级，充分利用网络事件营销已成为企业较为流行的一种公关传播与市场推广手段。

第四节　网络广告

互联网是一个全新的广告媒体，速度最快效果很理想，是中小企业扩展壮大的很好途径，对于广泛开展国际业务的公司更是如此。网络广告是主要的网络营销方法之一，在网络营销方法体系中具有举足轻重的地位，事实上多种网络营销方法也都可以理解为网络广告的具体表现形式，并不仅仅限于放置在网页上的各种规格的 Banner 广告，如电子邮件广告、搜索引擎关键词广告、搜索固定排名等都可以理解为网络广告的表现形式。无论以什么形式出现，网络广告所具有的本质特征是相同的，网络广告的本质是向互联网用户传递营销信息的一种手段，是对用户注意力资源的合理利用。

一、网络广告的概念

网络广告又称在线广告、互联网广告等，是指以网络作为广告媒体，采用相关的多媒体技术设计制作，并通过网络传播的广告形式。网络广告的传播内容是通过数字技术进行艺术加工和处理的信息，广告主通过互联网传播广告信息，使广告受众对其产品，服务或观念等认同和接受，并诱导受众的兴趣和行为，以达到推销产品、服务和观念的目的。

网络广告起源于美国。1994 年 10 月 14 日，美国著名的 Wired 杂志推出了网络版 Hotwired，在其主页上刊载了 AT&T 等 14 个客户的旗帜广告。我国的第一个商业性广告出现在 1997 年

3 月，传播网站是 Chinabyte，广告表现形式为 468 像素 ×60 像素的动画旗帜广告和 IBM 是国内最早在互联网上投放广告的广告主。

二、网络广告的特点

网络广告既不同于平面媒体广告，也不是电子媒体广告的另一种形式。它具有以下特点。

（一）传播范围最广

网络广告传播不受时间和空间的限制，它通过互联网络把广告信息 24 小时不间断地传播到世界各地。只要具备上网条件，任何人，在任何地点都可以阅读。

（二）交互性

交互性是互联网络媒体的最大优势，它不同于传统媒体的信息单向传播，而是信息互动传播，用户可以获取他们认为有用的信息，厂商也可以随时得到宝贵的用户反馈信息。

（三）针对性强

根据分析结果显示，网络广告的受众是最年轻、最具活力、受教育程度最高、购买力最强、“也最具有经济头脑的投资、消费”群体，网络广告可以直接面对最有可能的潜在消费者。

（四）受众数量可统计

利用传统媒体做广告，很难准确知道有多少人接收到广告信息，而在互联网上可以通过权威公正的访客流量统计系统准确统计出每个客商的广告被多少用户浏览过，以及这些用户查阅的时间分布和地域分布，从而有助于客商正确评估广告效果，审定广告投放策略。

（五）实时、灵活、成本低

在传统媒体上做广告发版后很难更改，即使可改动往往也需付出很大的经济代价。而在互联网上做广告，能按照需要及时变更广告内容。这样，经营决策的变化也能及时实施和推广。

（六）强烈的感官性

网络广告的载体基本上是多媒体、超文本文件，用户可以对感兴趣的产品了解更为详细的信息，使消费者能亲身体验产品、服务与品牌。这种以图、文、声、像的形式，传送多感官的信息，让消费者如身临其境般感受商品和服务，并能在网上预订、交易与结算，将极大增强网络广告的实效。

三、网络广告的形式

最初的网络广告就是网页本身。随着网络信息技术的发展，网络广告的形式也越来越多。

常见的网络广告形式有以下几种。

（一）旗帜广告（Banne 广告）

旗帜广告是以 GIF JPG 等格式建立的图像文件，可以定位在网页中的不同位置，大多用来表现广告内容。

旗帜广告有多种表现形式和规格，其中，最早出现的且最常用的是 468 像素 ×60 像素的标准旗帜广告。根据广告的规格不同，可称为横幅广告、条幅广告、按钮广告、摩天大楼广告等。

（二）文本链接广告

文本链接广告是一种对浏览者干扰较少、效果较好的网络广告形式。文本链接广告位置的安排非常灵活，可以出现在页面的任何位置，可以竖排，也可以横排，每一行就是一个广告，单击每一行都可以进入相应的广告页面。

（三）电子邮件广告

电子邮件是网民经常使用的互联网工具之一。电子邮件广告针对性强、费用低、广告内容不受限制。电子邮件广告一般采用文本格式或 HTML 格式。文本格式广告，通常把一段文字广告信息放置在新闻邮件或经许可的 E-mail，设置一个 URL，链接到广告主公司的主页或提供产品和服务的特定页面；HTML 格式的电子邮件广告可以插入图片，和网面上的 Banner 广告基本相同。由于许多电子邮件系统的兼容性不强，所以，网民看不到完整的 HTML 格式的电子邮件广告，影响广告效果。相比之下，文本格式的电子邮件广告因兼容性好，广告效果也比较好。

（四）赞助式广告

赞助式广告不仅是一种网络广告形式，还是一种广告传播方式，它可以是旗帜广告形式中的任何一种。常见的赞助广告包括：内容赞助广告，即通过广告与网页内容相结合，向网民传播广告信息；栏目赞助式广告，即结合特定专栏发布相关广告信息，例如一些网站上常见的“旅游文化”“户外运动”等专题。

（五）插播式广告和弹出式广告

插播式广告是在两个网页内容显示切换的中间间隙显示的广告，也称为过渡页广告。插播式广告有各种尺寸，有静态的也有动态的，互动程序也不同。

弹出式广告是在已经显示内容的网页上出现的、具有独立广告内容的窗口，一般在网页内容下载完成后弹出广告窗口，直接影响访问者浏览网页内容，因而引起受众的注意。

弹出式广告的另一种形式是隐藏式弹出广告，即广告信息是隐藏在网页内容下面的，网页刚打开时不会立即弹出，当关闭网页窗口或对窗口进行操作（如移动、改变窗口大小、最小化）时，广告窗口才会弹出。

插播式广告和弹出式广告共同的缺点是可能引起浏览者的反感。为此，许多网站都限制了弹出窗口式广告的规格（一般只有 1/8 屏幕的大小），以免影响访问者的正常浏览。

（六）在线互动游戏广告

在线互动游戏广告是一种新型的网络广告形式，它被预先设计在网上的互动游戏中。在一段页面游戏开始、中间、结束的时候，广告可能随时出现，广告商还可以根据广告主的要求，定制与广告主产品相关的互动游戏广告。

随着家庭计算机上网的普及，在线游戏作为一种新型的娱乐休闲方式受到越来越多网民的欢迎。娱乐性强的计算机游戏对于许多网民有很大的吸引力，因此，网络游戏广告具有广阔的市场前景。

（七）分类广告

分类广告是指广告商按照不同的内容划分标准，将广告信息以详细目录的形式进行分类，以供有明确目标和方向的浏览者进行查询和阅读。由于分类广告带有明确的目的性，所以受到许多行业的欢迎。

（八）搜索引擎广告

搜索引擎广告是指通过向搜索引擎服务提供商支付费用，在用户进行相关主题词搜索时，在结果页面的显著位置上显示广告内容（一般为网站简介及网站的链接）的一种广告方式，具体形式包括搜索引擎排名、搜索引擎赞助、内容并联广告等。搜索引擎广告借助搜索引擎的强大流量来实现广告信息的传播。

（九）手机 APP 广告

随着近几年智能手机的普及，手机 APP 应用已涵盖了生活的方方面面，手机 APP 开发商将广告展示代码嵌入到 APP 程序中，当人们在联网使用 APP 时，广告就会显示，极大地促进了广告信息的传播。

四、网络广告的计费模式

（一）每千次成本

每千次成本（Cost Per Impressions，CPI）是指在广告投放过程中，广告每显示一千次的费用。每打开一次广告所在的页面就表明广告显示了一次。

（二）每行动成本

每行动成本（Cost Per Action，CPA）是广告主为每个访问者对网络广告所采取的行动所付出的成本。

对于用户的行动的定义。这是对网络广告的一次单击费用，是每单击成本（Cost Per Click，CPC）；根据网络用户单击广告后形成一个订单或一次交易计费，是每个订单/每次交易成本（Cost Per Order，CPO 或 Cost Per Transaction，CPT）。

（三）其他计费模式

其他计费模式包括每次引导费用（Cost Per Lead，CPL），即特定链接、注册等引导活动成功后付费的计费模式；Cost Per Sales，简称 CPS，以实际销售产品的计算广告费用；月租，按照固定收费模式来计费。

第五节　农村电商的推广

一、农村电商在农村的推广

电子商务近年来备受瞩目，在城市占据相当一部分的商业市场。而在城市市场日渐饱和的前提下，越来越多的电商把目光投向了广阔的农村市场。

（一）农村市场的潜力

虽然与发展较早的城市相比，农村的网络接受度较低，但是从另一个角度来说，一线甚至二线城市发展的速度都不可避免地开始放缓，所以农村便成为一个还未完全被开发的“第二市场”。

农村人口基数大，巨大的人口数量实质上也代表了巨大的潜力，如果被挖掘出来，能量将不可估量。

根据《第35次中国互联网络发展状况统计报告》显示：截至2014年12月，我国网民的数量已经达到了6.49亿，互联网普及率达到了47.9%，其中，农村网民是1.78亿，其所占比例为27.4%；而据另一份调查数据显示：中国目前行政村数量已经达到了68万个，农村人口为9.4亿人，长期居住在农村的人口数量为7.5亿人。

网络使用人数的多少代表着信息化的普及程度。我国信息化自城市发源和发展，以放射状向农村辐射，农村信息化虽然暂时还有所不足，但正是因为不足，其以后的发展空间才更显巨大。随着计算机、网络、智能手机等不断普及，信息化的脚步将明显加快，农村未来必然会以其明显的人口优势成为我国电商的主打市场。

而且，在三线以下的城镇和农村，实体商业如零售业的店面分布将不能满足农村人购买的需要，加之网络的普及，人们更会把目光投向网络购物，因此，电商在满足消费者需求这一方面占有较为明显的优势，将会成为释放消费需求压力的一个重要出口。

（二）电商在农村的推广途径

农村大多有其独特的地缘特点，相对于城市来说较为偏远，而大多数商业形式在此类地区的延伸往往有一定的滞后性。那么，如何让电商迅速地延伸到农村千家万户的门口，便成了电商企业密切关注的问题。

以京东为例，大力培植乡村推广员便是一个重要的手段。这类人员是从农村当地选拔出来的，往往具有相对较高的购买力，对网络消费有着紧跟时代的意识，并且在当地有很好的人缘。这些人受京东邀请加入他们的团队，为京东的商业做推广，把商品或者销售信息带到村民家中。

“我们所要关心的就是如何把准确而实惠的信息送到村民家中，毕竟村民对于电商的了解还比较有限，而在这有限的了解中，他们对京东的信任程度还是比较高的。”一名乡村推广员很诚恳地说道。

目前，京东乡村推广员的数量还在不断增长，以此为中心所建立的服务点数量也在迅速增多，所形成的服务覆盖面积逐步扩大。按照原本的计划，在2015年3月初便形成推广人员突破3 000人、服务中心达到30个、覆盖县城超过50个这样的规模。由此可见京东对于农村的消费市场抱有极大的信心，而这一举措也势必会提高农村人通过京东而达成的网络成单量，从而拉动农村的消费水平，并能给农村人提供形式更加丰富也更加便捷的电商服务。

当然，在这一领域京东并非一枝独秀，其他电商如苏宁、阿里巴巴等都已经将脉络延伸到了乡村。阿里巴巴在 2014 年 12 月就推出了“千县万村”的计划，计划在三到五年之内进行投资，投资的数额高达 100 亿元，准备在县级地区建立 1 000个运营中心，同时在村级地区建立 10 万个服务站。

由此可见，各大电商企业都在努力抓住这次难得的商机，把县、村等地作为自己企业长远发展的一大“根据地”。

（三）电商在农村发展的障碍

农村的市场固然是巨大的，但这一市场也存在其固有的问题。农村经济收入主要来源于农产品的外销，通过网络途径进行外销也是电商在乡村运行的一个重要方面。此外，网络购入的产品要想进村也是一大难题。这样“一出一进”，便构成了电商在农村发展的一大阻碍。如何解决这一阻碍，关键是要解决以下问题。

1. 农民对网络购物的认识问题

尽管我国网络发展延伸到农村已经有一些时日，但是，农村人对于网购的认识尚在发展之中。传统的购买模式在农村人的观念中已形成良久，实体交易依然是其主要的交易方式。换言之，农村人对于借助于网络平台完成的交易还存在一定的不信任。

不少乡村推广员表示，他们需要反复地进行演示和讲解，村民才能在一定程度上消除对于网购会买到假货甚至付了钱拿不到货的疑虑。由此可见，解决农村人观念上对于电商的不了解或者是误解是电商能够在乡村打开局面的一个极为重要的前提。

2. 物流配送的覆盖率以及成本问题

现如今，电商的配送途径主要依靠中国邮政、“四通”（申通、中通、圆通、汇通）、韵达等物流公司，而这些物流公司所设立的配送点还不是十分全面。

国家统计局2014年6月的数据显示：有将近六成的农村居民认为收发快递十分不方便，有些乡村没有收发点，村民只能到距离较远的县城里。尤其是价格较为便宜的民营快递，所建立的网点偏少。而覆盖率较高的快递，例如国营的中国邮政，其费用又相对过高，无论是向内“购入”还是向外“产出”，不少村民都表示无法承担高昂的物流费用。如此一来，物流问题无疑就成为阻碍电商在乡村发展的一个“瓶颈”。

3. 电商团队人才的缺乏问题

绝大多数电商都不可能完全做到给各个乡村配送专门的电商人才，吸纳当地人加入团队无疑是最经济也是最便捷的方法。但是由于电商经济的特点，对于这类人才又有特殊的要求，比如要熟悉网购交易，了解农村市场的详情，甚至要懂得一定的农业知识。由于计算机和网络在农村发展的相对滞后，这样的人才实在偏少。

对于电商来说，在巨大的竞争压力下，既要开拓农村市场，保证商业运营，又要培养电商人才，所牵扯和耗费的精力实在过大。

二、农村电商的打造

随着互联网的发展，互联网与很多行业开始融合，但是，在最传统的农业领域却屡屡受挫，除了几个产地直采的生鲜电商之外，互联网在农业领域几无建树。

农业与其他行业的不同，本质上是农村与城市的不同，是农村资源与城市社区资源的不同。社区资源主要由消费者构成，商家很少，而作为农村资源的主体，农民同时充当着商家、生产者与消费者的角色，他们既可以把产品卖给消费者，也可以提供给其他商家，还可以从其他商家手中购买自己所需，这使供应链系统变得更加复杂。

因为涉及农村，所以农村电商并不仅仅是互联网跨界一个行业那么简单，做农村电商需要从解决三农问题的角度出发，应该把农村电商作为一个三农问题的解决方案来考虑，这就要求农村电商不仅仅是互联网销售平台，至少还需要有 O2O 本地服务功能。

（一）城镇化现状：农民走向城市，资源趋向整合

农民增收、农业发展、农村稳定这 3 个问题，其实是从农民的身份、行业、居住环境 3 个方面出发的一体化问题，解决方案也必须包含这 3 个方面。

传统的农村作业是以家庭为单位从事农业生产，这种模式生产力低下，生产效率有限，而通过资源整合，将分散的农田整合成规模化的种植基地，将每家每户的畜牧业资源整合成大型的养殖基地，就能够大大提高这些资源的产出效率和价值。

四五年前开始推行的农村社区化行动就是一种农村资源整合方案，通过将村落合并成社区的方式，将农村的人力资源、土地资源都集中在一起，整合后的土地资源用于规模化种植或者建立工厂，人力资源则重新分配进入工厂或者种植基地工作，通过这种资源整合的方式来解决三农问题，这就是农村未来的发展方向。

农村社区化也是推行农村城镇化路线的一次尝试。随着越来越多的农村人口涌入城市，长居于农村的劳动力资源越来越少，已经不能够支持传统的生产方式，所以逐渐有农民卖掉自己的农田和牲畜，或者将农田承包给其他人，自己进城务工或者搬去城市与子女同住。这样一来，农村土地资源逐渐集中起来，形成一些中小型的农场和养殖场，土地产值得到大幅度提高。

（二）农村电商应该怎么做

农村资源整合以后，生产力得到大幅度提高，生产出来的更多产品需要销售出去，这就为农村电商提供了发展契机。

从 2013 年年底开始，阿里、京东等电商巨头纷纷涌入农村地区进行声势浩大的刷墙宣传，然而这些电商无法将供应链及需求链完全下沉到农村市场，也无法将农民群体培养成可以团队运营的成熟电商，所以很多电商在农村市场未能成功。

传统的电商模式在农村市场水土不服，然而农村电商就没有其他解决方案了吗？换一个角度来看，农产品销售只有城市市场这一条出路吗？当然不是。农村之所以长期封闭，是因为农村本来就可以支撑一个完整的生态，农民既是生产者也是消费者，农村既生产产品，也同时拥有庞大的市场需求。换句话说，农民并不一定非要把产品卖到外面的市场，本地平台也可以解决农资产品再分配的问题。

于是，土生土长的本地化农村电商平台——村村乐诞生了。村村乐既不同于淘宝那种一个卖家对应无限买家的营销模式，也不同于 58 同城、赶集网那种围绕个人生活的服务模式，而是一个以村为单位、只做本地产品、服务本地企业和用户的综合性服务平台。

电商的发展离不开四通八达的物流系统的支持，而农村并不具备这样的条件，所以物流成为农村电商发展的最大阻碍，电商巨头们也只能“望村兴叹”。等到京东的自建物流覆盖农村，或者“四通一达”下沉到乡镇，电商巨头们才能真正开进农村市场，然而短时间内是绝对不可能实现的。

针对物流问题，村村乐想出了完全不同的思路，将交易范围缩小到邻里乡亲，所有交易尽量就近完成，不同村落之间的交易，则以村为单位进行，比如，将本村的所有供应信息集中于一处，让外部的购买者一目了然；整合当地的农家店资源，让村里的小卖部身兼数职，不仅可以卖自己店内产品，还可以作为村村乐的O2O线下平台，销售网站上的产品和服务。

这种商业模式绕过了物流环节，交易双方可以直接现场交易，或者协商其他方法，而村村乐在这个过程中充当了信息中介的角色，只负责将乡里乡亲的供应需求和购买需求嫁接在一起。

（三）农村城镇化及产业升级：需要更多的“村村乐”

农业包括农林牧副渔多种产业，电子商务尽管积极布局农业电商，但是至今的成果只有生鲜电商、农产品电商和农资电商，还有广阔的领域尚未开发，而且不同的商业模式都需要建立自己的产业链，生成自己的产业族群，所以农业电商市场潜力巨大，牵涉环节众多，范围极广。

2014年，全国农村电商市场交易总额达到2 000亿元，其中大部分来自淘宝、京东等传统电商巨头，村村乐之类的本地化农村电商贡献的份额微乎其微，主要是因为他们的规模和名声都太小。到2014年年底，村村乐已经拥有了1 000万个会员，30万村庄论坛的版主，但放在全国6亿农民的群体中，这样的规模实在太小，所以需要有更多的力量加入才能满足农村的需求。

农村电商生态极为复杂，因为农民既是生产者也是消费者，不仅有购物需求也有销售需求。在需求产业链上，农村居于产业链的下游，在供应产业链上，农村又居于产业链的上游，也就是说，农村电商模式应该是一种双向的商业供需模式。

农村商业拥有足够大的市场发展潜力，吸引着各大电商追逐而来，而他们在布局农村电商时又遇到供应链太长的问题，难以下沉到农村市场，如果与本地化平台进行对接，就可以大幅度加快农村电商的布局。将来，无论是电商巨头加速渠道下沉，还是本地化电商平台继续扩张，都会为农村居民带来更好的商业环境和服务，让农民生活更加便利，这样的平台多多益善。

第八章　涉农电子商务的典型案例

案例1　义乌淘宝村——青岩刘村

2011年8月，中国社会科学院信息化研究中心与阿里研究中心第一次联合实地调研义乌青岩刘村。走在青岩刘村，会让人有走在当年北京中关村的穿越感，鳞次栉比的公司店面、擦身而过的送货车辆、操着各地口音的年轻的创业者和打工仔，在他们中间就活跃着一大批以电子商务为业的人群。

位于浙江省义乌市南郊的青岩刘村，是一个只有1 500人的小村子。2005年进行旧城改造时，村子里建起了200多幢5层高的新式农民房，并按照户籍给每家分配了面积可观的房屋。但同时村民们也失去了本就不多的土地，收入主要靠出租房屋。不过，青岩刘村临近驰名中外的义乌日用百货批发市场，距义乌最大货运市场也仅有一路之隔。众多在小商品批发市场上淘金的生意人纷纷来到青岩刘村租住房屋。房租经济让青岩刘村的村民过上了衣食无忧的生活。

2008年，全球金融危机来袭，传统的批发经济受影响巨大。同时义乌日用百货批发市场为扩大规模，也另迁新址，这一切都对青岩刘村带来巨大影响。作为青岩刘村重要收入来源的房屋出现了滞租，租金一路下滑。如何帮助村民增加收入，带领青岩刘村完成转型，时任村支书的刘文高早年做过生意，也是青岩刘村最早接触互联网的人。而今面对下滑的房租经济，刘文高开始在村里挨家走访，他发现当时村里一共有 124 家做淘宝网销生意的租客，在传统外贸批发受阻的背景下，这些以内需为主要目标的淘宝客们没有受到丝毫影响，反倒是生意越发兴隆。于是刘文高就有了利用淘宝来改变本村经济结构，促进青岩刘村转型的念头。

刘文高在村里成立了电子商务发展促进小组，将当时的 100 多家淘宝网商集中起来，并请网上开店的成功卖家在当地居民和租户中无偿普及开网店创业的知识和经验。从 2009 年年初，每个周六，刘文高会召开淘宝网商们的“吹大牛”聊天会，以此推动网商们共享货源，分享建设网站和经营上的技术经验。

刘文高一直认为，完善产业链是对电子商务的最好扶持，他通过村里的力量去为网商们营造更好的发展环境。例如，与电信谈判，实现了 4 兆光纤网络入户，无线网络全覆盖，还跟电信商定制了网商专用手机；通过成立的网商协会，与物流公司谈判，形成更良性的网商发展环境。

经过几年的努力，青岩刘村的“网商 + 房租经济”逐渐走向成熟。“一台电脑外加租间房子就能来青岩刘村创业”的便利吸引着来自全国各地的年轻人来这里创业，其中，就包括后来成为全球十佳网商的何洪伟和刘鹏飞。青岩刘村向淘宝村转型，不仅让这里的房租租金日渐攀高，原来爱打麻将的村民也开起了网店。

青岩刘村集聚的网商数量迅速增加，到 2011 年 8 月我们初次调研时，那里的网商已集聚了 2 000多家，网商年营业额增加到 20 多亿，青岩刘村的网商也走向了整个义乌市。2011 年，义乌全市淘宝集市店超过4.5 万家，淘宝商城店超过500 家。网商经营的范围也是百花齐放。

青岩刘村的网商结构也发生了变化，从过去的单一的零售网商，发展出了专门为网商提供货物的混批网商，如汇齐思一家就涵盖了1.3万种商品、拥有9.8万个会员，同样万客商城和俏货批发也都走的这条路线，他们在市场和淘宝小卖家之间寻找到商机，搭起新的产业链。如今的青岩刘村的网商们也更加注重网络品牌建设、电子商务的渠道多元化发展、内贸外贸协调发展、批发零售兼营、线上和线下一起发展等等。另外，快递、摄影、网络推广、仓储外包等电子商务服务业也在青岩刘村乃至整个义乌市快速兴起。

青岩刘村在探索富民强村的过程中，找到了电子商务这个全新的方式，并通过它打开了通向新商业文明的阶梯。由此，农村不再是原来意义上的农村，成为有志青年电子商务创业的孵化地；农民也不再是传统意义上的农民，更多的成为拥有新商业文明思维的商人。青岩刘村现在面临的最大问题是受实体资源制约。刘文高和他的继任者告诉我们，受此制约，青岩刘村“只能作为孵化器，一旦网商长大了，便会感到空间不足，无法大展拳脚。他们就会离开”。不过，作为电子商务的孵化器，青岩刘村已经就功莫大焉。2012年年初，中国社会科学院信息化研究中心在义乌设立了调研基地。之所以选择在义乌设调研基地，是因为这里作为国际性小商品集散中心，可以为观察和研究电子商务带来的虚拟市场与实体市场互动以及流通领域业态创新提供得天独厚的便利。

案例2　北方义乌——白沟

2013年6月，阿里研究中心涉农电子商务研究团队的专家到白沟实地调研。白沟是中国北方著名商镇，原属河北保定高碑店市。2010 年 9 月，保定市正式挂牌成立白沟新城。在地方经济发展上，白沟以先市场经济，后商场经济，再工厂经济的发展模式而闻名。

在电子商务发展上，根据淘宝数据，2012 年，白沟所在的高碑店市淘宝销售额超过 20 亿元，在所有县级区域排名中位列全国第 14 位，是整个北方地区排名最高的县市。从淘宝销售额占当地 GDP 比重看，高碑店市占比超过 20%，仅次于义乌。

根据调研得到的信息，白沟目前有淘宝卖家 2 000 ~ 3 000 家。主要构成为：原有商户、新进创业者、当地农民。大致 2007 年前后，白沟开始由传统商户向电子商务转变。直到 2009 年，一些网店卖家拿着“网单”去实体商场组织货源，仍不太受欢迎。货源供应商不愿意接“网单”的主要原因是他们认为网店卖家除了比较挑剔、对质量要求严格外，还爱砍价，单品的数量少。不过，自 2010 年起，情况发生了明显转变。淘宝在白沟成了一个热门词汇，现在当地经营者对阿里巴巴、聚划算、天猫都耳熟能详。传统商户们开始欢迎“网单”，虽然网上卖家的“网单”对产品要求依然严格，价格要求依然要低，但是数量变大。目前订货，卖家一般都是 100 ~ 200 个开始订，而且补货率很高。工厂也愿意做翻单，因为可以降低成本。

类似于我们在义乌调研看到的情况，电子商务的发展令当地市场出现了新业态，比如网供的出现。所谓网供，其实是介于生产商和线下供货商与淘宝卖家之间的网货经纪人，他们专门为白沟本地的网上卖家组织线下货源。网供产生原因是，淘宝卖家的需求是货品库存单品（SKU）品种要多，每种单品量要小；而工厂的需求是 SKU 要少，单品量要大，这两种需求的差异，催生了网供。其典型的交易模式是，网供通过网店卖家的“网单”发现好产品，下单给工厂，工厂生产出来之后，网供放到自己仓库，再分销给小卖家，在此过程中存在物权的转移。产品的需求发起，分两种情况：一是选品能力强的网供，确定款式向工厂下单；二是同下游卖家关系密切的网供，会根据和集合卖家的需求来下单。这种网供的形态，比较符合白沟“前店后厂”的情况，与义乌“混批”相比，产生原因相同，在表现形态上与其中一些直接向代工厂下单的混批经营者相似。在白沟，规模大的网供，年营业额上千万。而在义乌，规模大的混批经营商，年营业额可达上亿、几亿量级。

出生于1987年的黄建桥，现在是白沟出货量最大的网商。他初中只读了一年，然后去北京打工，从事多种类型的工作。2006年回到白沟，在箱包企业打工，2007年开始开淘宝店，最初用几百元进货做包的生意，去网吧操作订单。2009年5月，黄建桥在网上看到“淘宝日开店铺5 000家”的公告，觉得未必所有人都有好的货源。因此，他开始做卖家上游供货业务，创办了进包网。进包网现有员工30人，主要模式是分销自己的品牌产品给淘宝卖家。目前，他拥有自有品牌“雪曼”、“笑薇”。笑薇在淘宝上有8 000多家分销网店，雪曼定位于天猫，有4 000多家分销网店。另外，微信账号上有一两千名分销客户。2010年，进包网的日发单量达到6 000～10 000单，单品最高卖到15万件，2013年销售额预计可达5 000万元。在业务模式上，2012年，进包网100%做的是代发货业务；2013年，进包网开展多平台经营，开始进入卓越、京东。其中，在京东一个月可以走货30多万。6月8日，进包网还首次上了美团团购。下一步，黄建桥打算将进包网拓展成供销平台。

白沟形成了利用电子商务创业的较好环境，这对外来的创业者颇有吸引力。1990年出生的大学毕业生李树涛，2010年从河南来白沟创业，专营自己的凯坤品牌。他目前同时开了六七个网上店铺，最高的已做到4皇冠，将来还要开到10家以上。他主打的是零售价在99元左右的包包产品（著名的淘宝品牌“麦包包”做的是180元左右起）。目前，凯坤拥有员工20多人，月营业额在300万元以上。郭少华的老家也在河南，1997年来白沟。他的公司以线下为主，兼营线上，电子商务占40%左右。主要的线上业务是在阿里巴巴B2B平台上，做出口通、诚信通。企业目前有4人专做电子商务，2012年电子商务出口做了几百万元。

白沟电子商务的发展，带动了当地和周边的第三方服务企业。以快递企业为例，国内能数的上来的快递公司基本都在白沟有业务网点。其中，韵达快递的网点2008年设立，现有50名操作人员，还有几十名送货员，业务量在河北省排名第二，仅次于石家庄。其物流订单，80%来自淘宝，90%以上来自电子商务，每天发货8 000单左右。除快递外，白沟还有很多专门从事拍摄的工作室，有几十家，摄影师都是来自外地；包装纸箱，则由周边的雄县出产。

案例3　传统手工工艺与现代营销渠道相结合的湾头村

山东省博兴县2011年人口为49万，2010年人均GDP 41 443元。博兴县有3张名片：厨都、董永、吕剧之乡，此外，草柳编也被列为县里的非物质文化遗产。湾头村在县城南3千米，有1 700户，约5 000人。村里做草编已经有几十年的历史，在村民的经济收入中，草编占了大半，其他还有虾鱼养殖、汽车运输等。村里的妇女基本上都做草编。草编做久了，手会变形，年轻人不大愿意做了，目前，都是上年纪的人在做。周边十几个村也做草编，但规模没有湾头村大。湾头村没有出远门打工的，最远的也是在邻县。

2013 年 7 月，新任山东省省长的郭树清率领几位副省长一起来到湾头村考察。8 月，阿里研究中心在此发布全国“淘宝村”发展报告，吸引来自全国几十家媒体到场。引起政府、电商平台和媒体如此关注的原因，正是这里的农村电子商务，是这里“淘宝村”的名头。

博兴县 2012 年在淘宝销售额为 1.17 亿元，其中，与草编相关的类目（住宅家居、布艺软饰、卫浴收纳）达到 8 884 万元。全县有卖家 2 214 个，与草编相关的有 1 209 个。湾头村素有草编加工的传统，而电子商务使其如虎添翼。湾头村的标语“在外东奔西跑不如在家淘宝”“闯东北，下江南，不如在家编花篮”“亲，你今天淘宝了吗”等，让其看上去更有“淘宝村”的特色，但更重要的还是内在。目前，湾头村已形成网上销售、本地加工、经营、物流、服务等分工较为完整的产业链，通过淘宝网实现交易的占到 70% ~80%，剩下的走批发。

湾头村最早几家开网店的是在 2006 年前后。村会计安保忠此前就开始接触电子商务，通过 B2B 搞批发。后来做批发的人多了，2006 年开始开网店做零售。目前，在湾头村做的规模最大的贾培晓，早先在东营胜利油田上过几年班，也是 2006 年开始在淘宝上开店，卖过书，也从阿里巴巴 B2B 批发一些商品放在淘宝上零售，每月 5 000 ~6 000 元的利润，但没有稳定的业务和货源。2009 年回到老家湾头村，开始专做草编。现在，他的团队有五、六个核心成员，通过营销就地组织货源，如忙不过来就雇用临时工。2012 年贾培晓的销售额达到 300 多万，平均每月有 1 500 多笔交易，每笔交易金额大致 200 元。目前，湾头村有几百家淘宝网店，经营者以 80 后年轻人为主，年销售额在

100 万以上的有二三十家，订单 1 000笔/月以上的有三四家。众多网店的存在，使湾头村成了名副其实的“淘宝村”。

草编加工业是湾头村电子商务发展的依托。草编必须手工完成，靠的是技术、经验和耐心，因此，这里的编工多是上了岁数的中老年人。30 岁以下年轻人嫌手工费低，不愿意学习草编，这不免让人为这个行业未来的持续发展前景而担忧。目前已形成的产业链上，有的专做销售，有的专做加工，还有的则为兼营。大家互相拿货，互通有无。

电子商务的发展不断挤压当地原有的线下渠道，这使得不少人陆续将草编业务从线下转移到网上。安桂香就是其中之一。2006 年前后，她开始做草编工艺产品的批发。随着电子商务的兴起，大客户减少，2010 年前后她把业务转到电子商务上。现在她的市场定位是小卖家上面的批发商，并为她的下游近 200 家网店提供代发货服务。

有了电子商务助推草编产品旺销，湾头草编业的规模早已突破了本地资源的制约。以原材料为例，村里有两、三家做原材料的，可作为原料的草村里有限，无法满足需要，必须从外地采购，目前干草的价格在（7 ~ 8）元/千克。而五金、布艺、木材、包装材料等配件，也需要从外面批发进货。

电子商务的发展令本地基础设施建设提速。全村有 20 多家快递公司，除了顺丰、圆通外，其他主流的快递村里均有。快递每天下午三四点钟进村收货，每天大概走 20 车（6.2 米的车），约 300 立方米货。另外，这里有 3 家银行网点（农村信用联社、农业银行、邮政储蓄）、4 家宽带运营商（移动、电信、网通、广电），宽带 480 元/年，10 兆。还有一家专业的设计室。加油站、宾馆、各色商店齐全。

调研问到当地电子商务发展的困难，网商们反映较为集中的是担心草编手艺后继无人、产业的恶性竞争以及农村条件造成人才难招难留。他们希望政府和电商平台能为本地电子商务的持续发展，提供更多的支持。

案例4　基于羊绒制品起飞的“淘宝村”——东高庄

东高庄在河北省清河县，全村只有1 800人，400多户人家，其中有300多户在网上开店卖羊绒制品，是远近闻名的“淘宝村”。

东高庄电子商务的发展，得益于先前业已存在的羊绒纱线及制品业。2007年10月，东高庄出现第一家网店时，清河就已是全国最大的羊绒深加工集散地，当年全县羊绒产量占到了全球的40%，全国的70%，而东高庄又是全县最大的羊绒生产加工专业村。羊绒产业的发展，抬高了实体市场的入门标准，而相形之下，在网上开店起步成本极低，可以省去实体门店的大笔初始投资。于是，刘玉国等几位年轻人，在村里靠着一台电脑上网卖羊绒线，尝试着开始了自己的电子商务之旅。

刘玉国庆幸自己起步早，当时在淘宝网上同类卖家不多。他抓住机遇，注册了公司，打造自己的专属品牌“酷美娇”，获得巨大成功。他回忆说，那时网上羊绒产品的大部分图片都是自己上传的。网店每天浏览量可达到上万次，旺季时一天销售量可达到几十万元。2009年，刘玉国网上销售额就做到了1 000万元，在线销售让刘玉国一炮打响，生意越做越大。仅用两年时间，“酷美娇”就成长为淘宝网毛线类全国前三名的网店。

刘玉国等早期网商的成功尝试，引来周围乡亲们纷纷仿效。两年间，东高庄羊绒产品的注册品牌发展到400余个，80%的农户开了网店，在网上直接将产品销往全国各地，东高庄也成为名副其实的“淘宝村”。当年，东高庄在线销售羊绒线达到300多吨，销售额达到2 000多万元。

电子商务为当地经济带来巨大的推动效应。

首先，东高庄的成功在更大范围内复制。“近水楼台先得月”，东高庄所在的清河县就有更多的羊绒经营业户加入到电子商务行列中来。据报道，清河在淘宝、阿里巴巴、拍拍等开设的网店数量达到5 000多家，2012年羊绒制品销售额超过15亿元。清河占淘宝网同类产品的74%以上，成为全国最大的羊绒制品网络销售基地。

其次，电子商务催生了新的分工、新的业态。随着当地农村网商数量的增加，他们的经营方式开始跳出简单模仿复制的限制，出现了不同分工和差异化。就像前述湾头村的案例一样，东高庄的网商里也有人专门做起了网供生意，为本地和外地的淘宝卖家组织货源。有的开起了实体展示店，为来自各地的淘宝卖家看样品、进货提供服务。

再次，网单推动生产制造贴近市场需求。随着电子商务业务的发展，一些网商对客户需求有了更深入的了解，从而对产品的设计更有发言权。他们不再满足于有什么卖什么，而是反过来要求加工制造商根据自己的要求去开发和加工产品。其中有的网商建立了专业的团队，自己设计更能畅销的产品款式，向工厂下单，从而形成网单拉动的以电子商务为核心的供应链。

最后，推动了电子商务产业布局优化。如今的东高庄已然变成农村电子商务的孵化场，由于种种条件的限制，无法满足大网商对仓储、物流、货源和人才等方面的发展需求，网商业务发展到一定时候往往就会从东高庄搬出来，迁往条件更好�院市场。而当地正在规划中的电子商务产业园，旨在为网商的进一步发展提供更加有力的服务保障。

案例 5　茶山深处的最佳网商——中闽弘泰

2012 年 9 月，在阿里巴巴主办的全球网商大会上，来自福建省安溪县西坪镇南岩村的农民网商王大伟，代表中闽弘泰茶叶合作社，高票当选当年全球十佳网商。这是继上一年度当选唯一的“最佳农村网商”专项奖以后，作为农民在农村经营农产品的网商获得的更高奖项。中闽弘泰的电子商务之路生动地显示了信息化给农民带来的天翻地覆的变化。

王大伟的家地处闽南茶山深处，祖辈靠种茶卖茶为业。他的儿子王思仪是个 90 后，由于沉迷于网络游戏，初中毕业后没考上高中就辍学在家，家人很为他的未来担心。家长的教训让他也很烦，父子关系一度非常紧张，思仪成了家族的“问题少年”。在外地上学的姐姐思茵放假回家，建议他发挥自己的爱好和特长，通过网络帮助家里卖茶叶。王大伟虽然自己不懂互联网，但也感觉这可以让思仪有正事可做，便同意让孩子们试一试。当然，谁都不会料到，这一试会带来何种巨大变化。

2009 年 5 月，中闽弘泰淘宝商城旗舰店正式开业。经过他们的用心经营，当年营业额就达到了 250 万，2010 年的营业额是 1 000多万，2011 年的营业额 3 000万，2012 年突破了 5 000万。在 3 年多的时间里，中闽弘泰已经成长为淘宝网茶叶类目的领先品牌，在淘宝上长期稳居销量和好评率的前列。

根据中国社会科学院信息化研究中心团队自 2011 年来的跟踪调研，伴随着业务量的不断扩大，中闽弘泰已从最初的家庭式作业发展到拥有 100 多名员工的企业。其中，专门挑拣茶梗的工人（来自村民）有 80 多人，包装、发货和客服 50 多人。

普通工人月薪是1 500～2 000元。这样，当地农村富余劳动力不用出村打工就解决了生计问题，而且农忙时他们还可以就近照顾自己的田地。客服则是从外地招来的大学生，月薪达3 000元。这让王大伟既骄傲又担心。因为自己只是个初中生，但是经营电子商务对文化素质要求很高。大学生从城市到山区需要很大勇气，是中闽弘泰的高速发展吸引了他们的加入，但是要想让他们能长期留在山里也并非易事。

像中闽弘泰这样，立足农村从事农产品电子商务，要想成功当然需要多方面因素。

一是离不开好的产品。中闽弘泰茶叶合作社拥有60多亩优良的茶园，其中，20亩为王家自有，其余40亩是专业合作社成员所有。每年春秋两季的收获保证了一部分货源。而销售规模的迅速发展使他们还要从市场进一部分原茶。中闽弘泰铁观音产品的质量靠先进的制茶工艺和贮存方法来保证。安溪是铁观音的发源地，王大伟的祖先王士让是铁观音的发现者，祖先王永信是清朝制茶名师，他首创了布巾包揉法，使铁观音之“形、色、香、味”兼备，身价倍增。王大伟传承了制作铁观音的传统方法，是中闽弘泰茶叶专业合作社的制茶技术掌门人。

二是要靠良好的管理。经营规模的大小对管理的要求是不同的。中闽弘泰深知向管理要质量的道理，他们除了加强对员工的日常教育外，还加强制度建设，实行了“五统一”管理，即统一农资配送供应、统一防治指导、统一生产经营标准、统一学习交流培训、统一其他生产环节把关，从而解决了茶产业界的“三难”，即茶叶质量安全保障难；农户创茶叶品牌难；家庭作坊式产茶规模发展难。

三是靠有效的经营。这里包括一般的经营理念和网络运营的能力。他们秉承祖先的经营理念：“利多利不多，利小利不小”，靠薄利多销和诚信待客，赢得客户的信任，靠优质的服务让中闽弘泰有了几十万量级的客户群，其中，近30%是回头客。网络运营是思仪负责的，他的互联网知识和对新事物的自学能力对中闽弘泰成功的网络销售起到了巨大作用。

随着销量的扩大，王家的三层楼已经不够用了，而且地处深山很难招到客服人员。物流问题也凸显出来，盘旋的山路阻碍了物流的速度。虽然几家物流公司都因为中闽弘泰的快速发展而发展壮大，但是网民对服务的要求日益提高，在此情况下，中闽弘泰不改变现状势必会影响未来发展。所以，他们考虑把生产线的后端建到交通条件便利的龙门镇，在北京建立仓储中心，专供东三省及华北地区的买家。这样保证客户下单后48小时即能收到所购商品。

安溪县为促进本地涉农电子商务的发展，对中闽弘泰这样的优秀典型也给予了大力支持，批准中闽弘泰进驻条件优越、政策优惠的产业园区。2013年7月，中闽弘泰位于园区的一期工程竣工。一部分员工已入住新区，中闽弘泰在向着更新的目标进发。

案例6　花乡沭阳的花木网商

江苏省沭阳县是出了名的花乡，2012年，全县花木面积45.2万亩，花木经营总产值突破40亿元大关。沭阳又是以花木为特色的电子商务集中发展的重镇，近年网上销售花木越来越火爆，全县同年网上销售花木达18亿元以上。

沭阳颜集镇有个堰下村。据报道，2012年，全村860户村民中在家中用电脑上网销售花木的有750多户，村里为花木销售服务的快递公司有4家，成为名副其实的电子商务村。颜集镇政府把发展电子商务作为开拓花木销售市场的重要手段，采取培训、典型引导、重点帮扶等有效措施，鼓励广大青年走电子商务创业之路，积极创办花木网店。全镇花木网店已有 2 000 多个，网络销售占全镇花木销售总额的 50% 以上。

在沭阳，堰下村和颜集镇的情况并不是个案。2010 年年底，我们曾去同县的新河镇周圈村考察过那里的盆景展示市场和桐槐村的花木网商，对当地花木电子商务的蓬勃发展印象深刻。在实地调研中，我们曾了解到，当地苗木与花卉在客户群体、经营特点和电子商务上均有所不同：苗木一般销售给团体客户，经营上以批发为主，有大量经纪人活跃在市场上，因交易规模大，通常以网下交易为主、网上为辅，当时占比约 30%；花卉销售给个人或家庭客户的占比较大，经营上以零售为主，网商自我经营居多，线上交易为主。在货源上，新河镇的网商除了自己种植花木外，还从周边种植户和外地批发市场进货。

据报道，目前，新河镇的网上花卉店已超过 2 000个，从业人员 5 000多人。其中，在“淘宝”店中做成 1 万单生意以上，达到“皇冠”级别的约有 200 家，网络销售额都在 30 万元以上，再高的达百万元量级。其中，新河镇 28 岁的葛鹏在淘宝上开了 4 家网店，专门出售花卉种子、盆栽和苗木，年销售额近 1 000万元，除去成本和其他费用，一年有近 400 万元的收入。

为促进花木电子商务发展，近年，沭阳县及相关各镇大力推行“网店 + 花木经纪人 + 农户”的花木销售经营模式。县、镇政府重视为青年网络创业开展必要的培训。2013 年中期，县商务局联合县私营个体经济协会、县消费者协会，开发建立“沭阳经济网”新型电子商务平台，设立“花木产业”专业板块以及政策宣传、信息查询、投诉处理等若干功能子模块，为经营业主和单位、个人提供信息查询、主体认证、供求信息发布、综合事务办理及投诉处理等服务，以顺应沭阳电子商务发展需要。2013 年 9 月，县政府出台实施了《沭阳县金融支持电子商务发展的暂行办法》，帮助个人开办网店和企业开设网上商城需要流动资金贷款者，提供金融支持。

案例 7　“淘宝村”转型成功升级

随着互联网逐步渗透广大城镇和农村，县域电子商务对于推进“四化同步”战略的作用与地位日益显现。作为农村电子商务的重要模式，“淘宝村”往往嵌入县域电子商务发展大环境。县域经济、社会及信息化支撑体系是“淘宝村”涌现的沃土。本文通过对浙江省临安市白牛村、新都村电子商务发展案例的研究，从特色产业基础、电商服务体系及农村电子商务模式等角度梳理“淘宝村”与县域电子商务互动发展的机制，并进一步探讨县域电子商务发展背景下“淘宝村”转型升级的路径选择。

一、“淘宝村”发展的状况

浙江省临安市位于杭州市西部，是浙江省陆地面积最大的县级市。2013 年，临安市下辖 5 个街道、13 个镇、298 个行政村，市域面积达 3 126平方公里，年末户籍人口达 52.7 万人，其中，农业人口 41.59 万人，实现生产总值 409.23 亿元，次产业结构为 8.7：55.1：36.2，农民人均纯收入达 17 561元。

作为山地面积占 86% 的山区县，临安市农林特产丰富，拥有“中国山核桃之乡”“中国坚果炒货食品城”“中国竹子之乡”“中国竹笋美食之都”等荣誉称号。近年来，临安市把电子商务作为战略性新兴产业，积极发展特色农产品电子商务，并逐步向三次产业延伸。2013 年，全市农产品电子商务销售额突破 10 亿元，以坚果炒货为特色的农产品电子商务示范区建设已初具规模，被评为“中国电子商务发展百佳县”，名列全国第 32 位、浙江省第 20 位、杭州市第 1 位。

随着农村信息化水平的不断提高和物流体系的不断完善，临安市涌现出了一大批农民网商，电子商务成为农村经济发展的新引擎，不仅拓宽了特色农林产品的销售渠道，实现了农业增效、农民增收，而且推动了农村新型工业化、信息化、农业现代化、新型城镇化的深度融合，加速了农村经济社会的转型升级。

2013 年，临安市农村网店总数达 135 家，销售额达 2.8 亿元，带动本地就业 865 人，白牛、新都、玉屏、马啸、新溪新村、汤家湾、无他等 7 个村被评为“杭州市电子商务示范村”，白牛村、新都村被阿里研究院评为“淘宝村”。2014 年，临安市提出重点扶持“淘宝村”等电子商务集聚村建设，力争到 2016 年培育电子商务示范村 15 个、“淘宝村” 5 个。

以“淘宝村”为代表的农村电子商务与以农产品电子商务为特色的县域电子商务互动耦合，成为临安电子商务发展的显著特色与强大动力。

二、白牛村电子商务发展概述

白牛村位于临安市昌化镇西侧，共有农户 556 户，总人口 1 528人。白牛村是杭州市级中心村，地处浙江 102 省道边，对外交通便利，一向是周边地区山核桃、青蒲与水籽的交易集散地，有一批贩运能人和加工山核桃的炒货企业。

白牛村所在的昌化镇是临安市域副中心城市、浙江省省级中心镇，镇域总面积 232 平方公里，下辖 14 个行政村，7 880户家庭，户籍人口 22 281 人，其中，农业户 16 925 人。昌化镇盛产山核桃，有山核桃产业基地 2.6 万亩，大小山核桃企业 200 多家，全镇山核桃相关产业年产值超过 10 亿元。近年来，昌化镇特色农产品电子商务发展迅速，成为当地农民发家致富的新渠道。

村民邵洁是白牛村的电商“一姐”。2007 年上半年，当时 26 岁刚生完孩子赋闲在家的邵洁，因为不能像过去一样出去打工，便模仿在杭州开服装店的弟弟，尝试在淘宝网上开设了名为“山里福娃”的网店，在网上销售山核桃。一年下来，居然也有近 10 万元的收入。凭借着产地货源优势与诚信经营，“山里福娃”的经营规模不断扩大，目前店铺级别已达到“5 皇冠”，年营业额超过 1 000万元。为适应网购发展需求，邵洁成立了临安天玥食品有限公司，盘活了村里一家占地 1 000多平方米的罐头厂厂房。

许兴，邵洁的表哥，最初是个体山核桃贩销户。2007 年下半年，年近 40 岁的许兴和妻子也加入了电商队伍，开设了名为“山货之乡”的淘宝店，并用女儿的小名“文文”作为品牌。凭借刻苦钻研的精神与丰富的山核桃贩销经验，许兴的“山货之乡”很快脱颖而出，成为白牛村电商的领头羊。2013 年，许兴成立了临安市兴农食品有限公司，网店级别已达到“1 金冠”，年销售额超过 2 000万元，在淘宝 C 店坚果类销售中连续多年排名前三位。

榜样的力量是无穷的。在邵洁、许兴的带动下，一批白牛村村民积极开展电子商务。短短两三年时间，白牛村一下子开设了 20 多家网店，销售当地的山核桃等山货和农产品。2011 年，白牛村的网店数量曾达 40 多家。但是，随着网购市场竞争日趋激烈，进入与退出的网商数量大致相当，近年来，白牛村网商的数量日趋稳定。

白牛村村民网络“淘宝”的成功吸引了不少从白牛村走出去的大学生。白牛村村民邱乐峰毕业于绍兴文理学院，在外从事半年多建筑设计工作后，带着妻子张青回到老家，开了一家名为“青峰食品”的网店。通过不断琢磨网络营销技术，完善网购服务，开业首年“掘金”10 多万元，很快成为村里的标杆。目前，“青峰食品”店铺等级已达“2 皇冠”。据白牛村不完全统计，已有 10 多位大学生回村从事电子商务。

白牛村当地的炒货加工企业也不甘落后，积极开拓网络市场。白牛村村委委员方柏水最初也是山核桃小贩，10 多年前办起林之源食品厂。2010 年，为支持儿子方强创业，他投资 50 多万元，在天猫上开设“林之源旗舰店”，凭借厂家直销的优势，业绩增长惊人。“林之源”不但做品牌，还为村里不少电商代加工。2013 年，“林之源”线上和线下的销售业绩已平分秋色，均超过 1 000万元。白牛村的另一家炒货加工企业盛记炒货食品厂也在淘宝上开设网店，现在网店等级已达“5 皇冠”。

目前，白牛村从事电子商务的农户已达 30 余户，电子商务及配套服务从业人员有 250 多人，其中已注册公司的有 4 家，年销售额在 1 000万元以上的有 6 户，年销售额超过 100 万元的有 10 余户。2013 年，全村网络销售额达到 1 亿元，纯收入约 800 万元，占全村人均收人的 25% 左右，电子商务已经成为白牛村村民收入新的增长点。

白牛村绝大多数网店都是淘宝 C 店（占比超过 90%），大部分网店为家庭经营，销售商品以炒货为主，其中，临安本地特产（山核桃、笋干、茶叶等）占 70% 以上。为确保炒货的口味与质量，许兴、邵洁等规模较大的网商大都自己收购山核桃，再拿到正规炒货企业加工。许兴一年就要向林之源食品厂支付近50万元的加工费。

电子商务的发展带动了物流、包装等关联产业的发展。白牛村靠近昌化镇，有多家快递公司驻扎，出货网络畅通。随着白牛村电子商务规模越做越大，物流公司主动上门提供服务并给予优惠，为卖家提供了方便，节约了成本。2013年，白牛村支付物流费用700万元以上，支付印刷制品费用约400万元。

随着网商规模的不断扩大，白牛村的网商大户和部分企业对仓储、人才、金融等支撑要素的需求日益迫切。由于山核桃原料与代加工成本不断上升，同质化竞争导致白牛村网商的利润率逐年下降。由于地处农村，一些网商的文化水平不高，网店运营缺少专业管理，因此，白牛村电子商务专业人才缺乏，人才引进难度大，而这些都限制了白牛村网商进一步做强、做大。

近年来，各级政府日益重视农村电子商务，积极引导白牛村电子商务的提升和发展。杭州市、临安市相关领导先后到白牛村考察，了解网商发展需求。临安市农业、质检、工商、商务、团委等部门纷纷上门指导，做好服务工作。白牛村把电子商务作为新兴产业给予大力支持，成立由村委会主任担任组长的白牛村电子商务领导小组，由村委委员方柏水牵头促进网商与物流公司、包装工厂的统一合作，提升了服务质量；筹备成立白牛村电子商务协会，承担宣传、培训、经验交流等职责，协调解决白牛村电商发展中的各种困难；计划建立一个统一的仓库，白牛村的网商可以根据自己的需要租用仓库，解决燃眉之急。

三、新都村电子商务发展概述

新都村位于浙江省临安市西部的清凉峰镇，群山环绕，村子里充满了浓郁的炒货味道。全村面积11.4平方公里，共有

663户，1 817人。新都村是清凉峰镇山核桃加工销售的重要集散地，全村共有炒货加工企业10余家。种植山核桃和在炒货企业打工是新都村村民的主要收入来源。

新都村所在的清凉峰镇是杭州市干果类农业产业状元镇，镇域面积306.7平方公里，下辖17个行政村，总人口29 005人，9 713户，拥有8.4万亩山核桃林，共有食品加工企业104家、大小作坊200余家，山核桃相关产业产值约占全镇工农业总产值的2/3。作为临安市山核桃炒货产业的重要基地，近年来，清凉峰镇电子商务发展迅速，除新都村外，还拥有玉屏、马啸等电子商务示范村。

与白牛村相比，新都村的电子商务起步相对较晚。2009年11月，新都村村民章晓华为了便于照顾家人，受在临安市区开展淘宝业务的亲戚影响，率先在淘宝网上开设了“满口香炒货”网店，目前等级已达到“2皇冠”。

依托清凉峰镇发达的炒货加工业，新都村电子商务发展势头强劲。到2013年年底，新都村共有网店20多家，全村网店销售额达7 000万元。

新都村电子商务的一个显著特点是：许多村民往往是在临安市区乃至杭州市区开展电子商务运营，而把相关的采购、配送环节布局在新都村。新都村村民章川亮于2013年在杭州成立喜道食品有限公司，并在天猫开设“满柜子旗舰店”，积极开展品牌经营。“满柜子旗舰店”的采购、配送环节设在新都村，由其姐姐负责管理运营。

新都村的天猫和淘宝卖家大都从周边的食品（炒货）公司拿货或进行委托加工。农村电子商务的发展，带动了新都村以山核桃为主的坚果炒货食品的销售。新都村村委会主任、临安小草食品有限公司负责人章晓亮认为：网商的大量采购有效地弥补了大环境（如“八项禁令”等）对炒货市场的不利影响。

由于新都村地处浙西偏僻山区，网商规模相对较小，一些炒货企业仍然以传统的批发市场为主渠道。随着网商规模的不断扩大，仓储、物流、电子商务人才成为制约新都村电子商务发展的重要因素。部分网商文化水平不高，缺少品牌经营与互联网营销理念，在日益激烈的网络市场竞争中面临着诸多困惑。目前，新都村正积极筹划建设网商仓储基地，通过开设农村网商服务点、开展农民网商培训等多种途径，提升新都“淘宝村”的品牌。

主要参考文献

罗泽举. 2015. 农村电子商务的理论与实践［M］. 北京：中国农业出版社，11.

张思光. 2015. 生鲜农产品电子商务研究［M］. 北京：清华大学出版社，8.